本书由北京第二外国语学院出版基金资助出版　特此鸣谢

薛 欣 著

奖赏对
视觉选择性注意的
调节及其神经机制

Reward Modulation on
Visual Selective Attention and
Its Neural Mechanism

社会科学文献出版社
SOCIAL SCIENCES ACADEMIC PRESS (CHINA)

目　录

第一章

绪　论

我们生活在一个信息丰富的视觉世界中，每当我们睁开眼睛的时候，我们的视觉系统被外界持续输入的视觉信息"轰炸"。输入的视觉刺激将会在神经元的感受野（receptive field）内相互竞争和抑制，以获得视觉系统的表征（Desimone & Duncan，1995）。然而相对于海量信息的输入，我们认知加工资源的能力非常有限，不可能处理完每分每秒所有输入的视觉信息（Kahneman，1973）。因此，我们需要一种认知加工的解决方案，让我们可以通过体验稳定的知觉感受来适应这个丰富的视觉世界。早在19世纪，心理学先驱者就洞察到来自注意选择的解决方案：正如James，William（1890）所描述的，"它是以一种清晰和主动的形式，从同时呈现的几个物体或思维序列中选择一个对象的过程……这意味着舍掉某些东西以便更有效地处理另一些"。Von Helmholtz（1867）描述道，"利用一种有意的意图，即使不产生眼动的变化，人仍然可以将注意集中在外周系统的一个特定部分上，并同时把来自其他部分的注意排斥在外"。心理学家直觉性的理解，与现代的心理学和认知神经科学的定义非常相近：选择性注意（selective attention）是一种优先性地加工一些与个体当前的行为目标最相近的信息，而忽略其他方面的信息的认知加工过程。

选择性注意是一个极为重要的认知过程，从 20 世纪 80 年代以来一直是认知科学的热点研究课题。注意研究领域包括持续性注意（sustained attention）、分心式注意（devided attention）和选择性注意等，本书主要关注选择性注意。根据不同的标准，选择性注意可以划分为不同的类别。根据感觉信息通道划分，选择性注意可以划分为视觉注意（visual attention）、听觉注意（auditory attention）和跨通道注意（cross modal attention）等类别。根据注意选择的内容，选择性注意可以划分为基于空间的注意（spatial attention，注意到特定的空间位置）、基于特征的注意（feature-based attention，注意到特定的视觉特征，如某个运动方向；Maunsell & Treue，2006）和基于客体的注意（object-based attention，注意到特定的客体；Egly，Driver & Rafal，1994）。根据注意的选择过程是否伴随外显的眼动，选择性注意可以划分为外显注意（overt attention，有眼动）和内隐注意（covert attention，没有眼动；Carrasco，2011）。本书将专注于基于空间位置的视觉选择性注意，使用的研究任务既包括测试内隐注意的视觉搜索任务，也包括测试外显注意的眼跳任务。

第一节　选择性注意的控制

想象一下假如你现在身处人头攒动的法国博物馆卢浮宫，正欣赏路易·大卫创作的著名油画《拿破仑一世加冕大典》。巨幅的画卷展现了一百多位衣着华丽的人物形象，根据导游的描述，"拿破仑拒绝了教皇的加冕，手持皇冠亲自戴在了妻子约瑟夫的头上"，你的目光投向了拿破仑。此时，身旁游客相机的闪光灯和咔嚓声不由自主地吸引了你的注意。然而，正想着继续端详油画的你，却不经意间看到拍照游客的手上还挂着一袋面包……这个简单的例子揭示了注意选择的必要性——我们需要选择性地加工视觉信息，还揭示了控制注意选择的三个重要途径——自上而下的当前目标、自下而上的物理显著性和奖赏等的选择历史。

一　注意控制的二分类理论：自上而下与自下而上的控制

在选择性注意领域中，主流的传统理论把选择性注意的控制来源分为两类：自上而下（top-down）的注意和自下而上（bottom-up）的注意。自上而下的注意也被称为主动注意（voluntary attention）、内源性注意（endogenous attention）和目标驱动的注意（goal-driven attention），自下而上的注意控制也被称为非主动的注意（involuntary attention）、外源性注意（exogenous attention）和刺激驱动的注意（stimulus-driven attention）。

回忆上面欣赏油画的例子，我们在嘈杂的环境中把注意聚焦在我们感兴趣的目标油画上，然后根据导游对中心人物特征的描述，我们的注意定向（orienting）转到拿破仑身上。这个例子反映的是自上而下选择性注意的过程，其定义是指根据当前行为目标或者已知与目标相关的信息主动控制注意的过程（Corbetta & Shulman，2002）。在实验室中，反映自上而下注意控制的是由 Posner 设计的经典的线索提示范式（Posner，1980）。在目标刺激出现前，一个线索将先提示目标刺激最可能出现的位置，经典的结果是当目标出现在与提示的位置一致（valid）的位置时，探测目标的任务表现更好；而当目标出现在与提示的位置不一致（invalid）的位置时，探测目标的任务表现更差。

与当前任务无关的闪光不由自主地把你的注意吸引到拍照游客身上的例子，反映的则是自下而上的注意过程，其定义是被外在刺激的低水平特征所控制的注意过程。在实验室中，反映自下而上注意控制的是经典的奇异分心物范式（additional singleton paradigm；Theeuwes，1991，1992，1994；如图1.1所示）。该任务让被试搜索一个单一形状，同时在部分试次中呈现一个颜色鲜明的分心物。然而，即使被试知道他们搜索的目标为单一形状，颜色鲜明的分心物仍然会吸引被试的注意，在实验数据反映为被试搜索目标的反应时变慢，正如一片绿油油的草地上开出的一朵红花。刺激在物理属性上具有很强烈的特征被称为具有很强的物理显著性（physical salience）。显著性高的刺激自动化的（automatically）吸引注意的过程，被定义为刺激驱动的注意捕获（stimulus-driven attentional capture）。

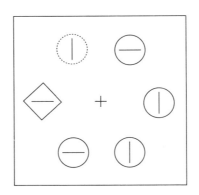

图1.1　奇异分心物范式示意图

资料来源：Theeuwes，1991，1992，1994。

前人大量的功能磁共振成像（funtional magnetic resonance imaging，FMRI）研究表明，目标驱动的注意控制和刺激驱动的注意控制由额顶网络负责。额顶网络分为两个解剖位置上相对分离但功能上紧密交互的子网络——背侧网络和腹侧网络。其中，目标驱动的注意主要由背侧网络负责，背侧网络负责的主要脑区包括额叶的前眼野（frontal eye field，FEF）、位于顶叶的顶内沟（intraparietal sulcus，IPS）和顶上小叶（superior parietal lobule，SPL）。刺激驱动的注意主要由腹侧网络负责，腹侧网络负责的主要脑区包括顶下小叶（inferior parietal lobe，IPL）在内的颞顶联合区（temporoparietal junction，TPJ）和腹侧额叶（ventral frontal cortex；Corbetta & Shulman，2002；Corbetta，Patel & Shulman，2008；Kastner & Ungerleider，2000）。

人类的后部顶叶（posterior parietal cortex，PPC）的顶内沟和顶上小叶被认为是与猴子的外侧顶内沟（Lateral intraparietal area，LIP）同源。近期研究发现，后部顶叶负责自下而上的感知觉信息和自上而下任务相关信号的汇聚和整合的脑区（Bisley & Goldberg，2010；Ptak，2012）。例如，电生理研究发现，LIP神经元负责编码物理显著性高的干扰物（Buschman & Miller，2007；Suzuki & Gottlieb，2013）。功能磁共振成像研究发现，呈现一个物理显著性高的干扰物引起了双侧后部顶叶的激活（Fockert，Rees，Frith，& Lavie，2004；Kelley & Yantis，2010；Kincade，Abrams，Astafiev，Shulman，& Corbetta，2005；Nardo，Santangelo，& Macaluso，2011；Serences et al.，2005）。另外，研究者还通过使用经颅磁刺激（transcranial magnetic stimulation，TMS）的手段来研究后部顶叶与物理显著干扰物的因果关系。

Mevorach 等（2006，2010）发现，抑制左侧后部顶叶的皮层兴奋性提高了物理显著干扰物所带来的干扰效应，提示着左侧后部顶叶负责物理显著干扰物的控制（同时见 Kanai，Dong，Bahrami & Rees，2011）；而抑制右侧后部顶叶降低了被试对物理显著的目标刺激的探测能力，提示着右侧后部顶叶负责加工物理显著的目标刺激。有趣的是，研究者在进一步抑制左侧后部顶叶之后，使用功能磁共振扫描被试的大脑活动，结果发现抑制左侧后部顶叶导致视觉皮层对干扰物刺激的血氧响应变强。而更有趣的是，后续研究使用在线的经颅磁刺激（online TMS）抑制视觉皮层中加工该实验刺激的区域，结果发现物理显著干扰物所带来的干扰性减少（Mevorach et al.，2010）。这些研究提示了左侧后部顶叶负责抑制物理显著性高的干扰物，并且调节视觉区域的活动，进而减少显著干扰物的干扰。

二 第三类注意控制的来源：选择历史

上述例子中面包对注意的捕获现象是主流的二分类注意控制理论难以解释的。被试自上而下的主动控制的目标是欣赏油画，面包也不像闪光灯一样具有特别强烈的物理显著性。很长时间内，研究者们将注意选择的来源分为自上而下目标驱动的注意和自下而上刺激驱动的注意。然而，类似于前述面包捕获注意的例子，近年来很多研究现象已经无法直接用二分类注意控制理论来解释。因此，Awh、Belopolsky 和 Theeuwes（2012）提出"选择历史"（selection history）应该作为注意控制中的一个新的大类加入主流的二分类注意控制理论。现有研究发现三种选择历史对注意选择有重要的影响作用：启动、奖赏和统计学习。

（一）启动

当一个刺激特征曾经一次或者多次被注意选择过，该刺激特征会更有效地被注意选择和辨别，这个现象被称为启动（priming）。Maljkovic 和 Nakayama（1994）先驱性的工作展示了启动在视觉搜索任务中的影响——试次间的启动可以持续到后面第 8 个试次（Maljkovic & Nakayama，1994；如图 1.2 所示），即使被试没有意识到目标刺激的重复（Maljkovic & Nakayama，2000），或者当他们被告知目标刺激不太可能在试次间相同时（Maljkovic & Nakayama，1994）。与 Maljkovic 和 Nakayama（1994）相似，Hickey、Chelazzi 和 Theeuwes（2010）也证明了启动的自动化发生的特点。在他们的研究中，当被试接受了一个高奖赏之后，当下一个试次的目标出现的是上一个试次曾经注意过的目标颜色时则搜索更快。反映启动的自动化特点更重要的实验操作是，他们告知了被试当一个高奖赏出现时大多伴随着颜色在目标和干扰物角色之间的切换。然而，Hickey 等（2010）发现，即使被试知道利用这个规律对完成搜索任务有帮助作用，被试还是对颜色关系在连续试次间相同的目标刺激反应更快，不能根据奖赏预测的刺激颜色适时地调整颜色注意的定式。总的来说，试次间的启动效应不依赖于被试的期望和意识，并且可以在与被试主动控制相违背的情况下自动化发生。

（二）奖赏

以往的研究发现，奖赏可以动机（motivation）的形式调控注意。然而，在这类研究中，奖赏往往是通过间接地增强自上而下的认知控制而产生注意效应，这并不能区分自上而下的注意和奖赏的作用（Maunsell & Treue，2006）。近期的研究进一步发

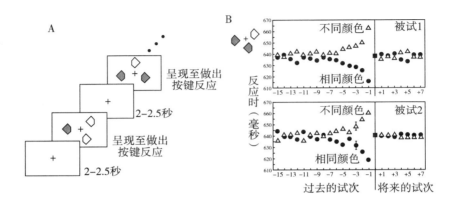

图1.2 试次间启动实验

资料来源：Maljkovic & Nakayama, 1994。

现，奖赏可以让一个本来是中性的刺激在联结性学习后自动化地吸引更多的注意，这类现象被称为奖赏驱动的注意捕获（value-driven attentional capture）。类似的，近年来的研究也发现具有威胁性的惩罚信号（如电击）与中性刺激联结后会产生注意捕获效应（Schmidt，Belopolsky & Theeuwes，2015a，2015b，2016）。在下面的章节，本书将具体地综述领域内关于奖赏调节注意选择的研究发现。

（三）统计学习

在我们生活的世界中，视觉刺激往往具有高度的组织性和结构化特点，使得物体和事件的出现倾向于带有可预测性（Biederman，1972）。学习视觉环境中的统计规律，能让我们减少对所输入的视觉刺激的不确定性和复杂性（Walker-Andrews，1993）。前人研究主要关注目标刺激的统计规律对注意选择的影响。例如，当目标刺激位置在之前呈现的试次中经常出现在一个特定的位置，相对于目标刺激在之前的试次中所出现的位置完全随机，被试对目标刺激的反应会更快（Chun & Jiang，1999）。而目标出现在呈现概率高的空间位置，相对于出现在呈现概率低的空间位置，被试的任务表现更好（Geng & Behrmann，2005）。另外，行为和脑电结果发现，在知觉学习过程中长期注意的刺激特征，也能引发注意捕获效应（Qu，Hillyard & Ding，2017）。最近研究还进一步发现，与任务无关的干扰物的统计规律也能影响到注意的选择。例如，Ferrante等（2017）控制了干扰物在不同空间位置出现的概率，他们发现当物理显著性高的干扰物呈现在出现概率高的空间位置（相对于概率低的空间位置）时，干扰物所产生的干扰效应更小（同样见 Wang & Theeuwes，2018）。

总的来说，与刺激驱动的注意选择非常相似，选择历史驱动的注意偏向往往是自动化的（automatic）、不费力气的（effortless），并且多发生在自上而下的注意控制不成功的情况下。如图 1.3 所示，三分类的注意选择模型划分出三种注意控制的来源——自上而下的任务目标、自下而上的物理显著性和选择历史驱动的残留偏差（lingering biases；Awh，Belopolsky，& Theeuwes，2012）。这三种类型的注意控制共同形成了注意的优先图（priority map）。Theeuwes（2018）认为选择历史既可以通过增强刺激的优先性（priority）的方式，又可以通过减少刺激的优先性的方式，让优先图具有可塑性。这将有利于个体灵活地适应其所在环境，并做出更为高效的注意选择。

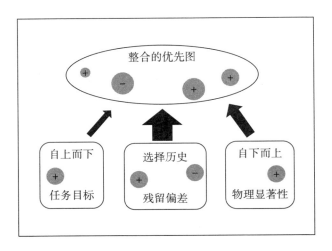

图 1.3　注意优先图整合的三种注意控制来源

资料来源：Theeuwes，2018。

第二节　奖赏与选择性注意

早在 20 世纪初，行为主义学家 Thorndike 就提出了工具性学习（intrumental learning）的效果律（law of effect），即有奖赏相随的反应会被生物体牢记，作为一种习惯性反应，如果反应之后没有奖赏，这种反应就会消失（Thorndike，1911）。同期，巴甫洛夫发现经典条件作用（classical conditioning；Pavlov，1927），即如果一个刺激反复预测奖赏的出现，随后单独出现该刺激也会诱发个体做出类似于对奖赏的反应。例如，实验者每次给饥饿的狗喂食前都先摇铃，随后当狗再次听见铃声的时候，即使实验者没有投喂食物，狗也对铃声分泌了唾液。关于奖赏的功能，早期研究往往关注于奖赏是如何影响趋避活动（approach/avoidance）等外显行为和学习、情绪和决策等高级认知功能的（Berridge & Robinson，1998；Schultz，2015），以及奖赏系统的神经活动（Schultz，2000；Schultz & Dickinson，2000）。最近10年的研究发现，奖赏调节选择性注意的方式与经典的奖赏调节外显行为的方式非常相似。下面综述奖赏调节注意选择所采用的几种方式。

一 奖赏驱动注意选择的方式

第一，奖赏以动机（motivation）形式调节注意选择。奖赏的动机性对注意调节的传统研究开始于对刺激-反应联结（stimulus-response associations）和反应-结果联结（response-outcome associations）这类与反应相关的认知控制（cognitive control）的观察。反应控制涉及记忆、注意和反应执行（如反应准备和反应抑制）等多个过程，研究者发现奖赏通过动机的作用对这其中的每个过程都有强烈的影响。特别地，奖赏通过动机总体性地提高了对任务投入的注意程度，或者特异性地增强了对某种刺激的注意控制。例如，Engelmann和Pessoa（2007）使用一个空间线索提示任务发现，当告知被试当前组块会奖励任务表现好的反应（相对于不奖励的组块）时，被试对目标有更高的探测敏感性。这反映了奖赏通过提高动机在总体上促进了任务表现。又如，Pessoa等（2010）使用stroop任务发现，在提供奖励的试次里，无论目标维度与干扰维度的反应是否一致，被试对目标维度的反应都得到了提高。这类奖赏驱动的动机对反应的促进被认为是通过优化注意策略来实现的（Milstein & Dorris，2007；

Sawaki，Luck & Raymond，2015；Small et al.，2005）。另一种动机调节注意选择的方式具有刺激的特异性。例如，Kiss 等（2009）让被试搜索一个颜色奇异的目标并给予被试奖赏，特别地，奖赏的大小取决于该试次目标的颜色（例如红色目标给高奖赏，绿色目标给低奖赏），结果发现被试对高奖赏联结目标的反应表现更好。总的来说，这类现象被认为是由于被试的认知（Botvinick & Braver，2015）及注意的执行控制（Posner & Petersen，1990）发生了策略性改变，进而对知觉（Serences，2008）和注意（Kiss et al.，2009；Sawaki et al.，2015）进行调节。因此，正如 Maunsell（2004）所指出的，这类研究问题在于无法区分是由于奖赏的作用还是由于奖赏提高动机而间接产生自上而下注意的作用出现这一结果。

第二，奖赏以调节启动的形式短暂地影响注意选择。前述第一类奖赏对注意的影响属于策略型的动机效应，而接下来的这三类奖赏的影响属于短期或者长期的学习记忆效应，其发生更为自动化而非策略性的控制（Kahneman，2011）。如上一节所述，试次间的启动是一种重要的选择历史，启动可以促进对目标的选择（启动效应）且同时抑制对干扰物的选择（负启动效应）（Maljkovic & Nakayama，1994，1996）。进一步的研究发现，奖赏可以调节这种试次间的启动效应。例如，Libera 和 Chelazzi（2006）让被试对与干扰物形状的空间位置重叠的目标形状反应，并随机给予奖励，结果发现当上一个试次的干扰物伴随着高奖赏出现时，在下一个试次中被试对该干扰物的反应则更迟缓，即奖赏增强了干扰物的负启动效应（Tipper，2001；Tipper & Milliken，1996）。更有代表性的证据来自 Hickey 等（2010）的研究，他们使用奇异分心物范式（见图 1.4A）发现随机的奖赏既能调制目标颜色的启动也能调制干扰物颜色的抑制。具体来说，当被试接受高奖赏时，如果目标与干扰物的颜色之间没有发生切换，他们在下一个试次中搜索目标的速度会更快，如果发生切换则搜索变慢；相反，当被试接受低奖赏时，目标与干扰物的颜色之间切换使被试搜索目标的速度加快（见图 1.4B）或者没有差异（Hickey et al., 2010，实验二）。这种效应被称为奖赏调节的启动效应（reward-modulated priming）。

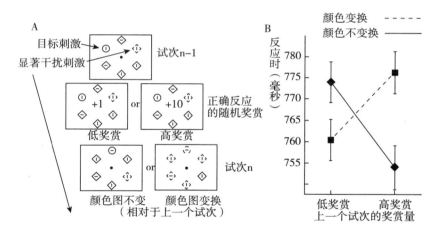

图 1.4 随机奖赏调节目标颜色的启动效应

资料来源：Hickey et al., 2010。

第三，奖赏以联结性学习（associative learning）的形式持续性地调节注意选择。前述的奖赏调节启动效应提示了奖赏可以作为残留的选择历史，短暂地影响下一时刻的刺激选择。而后来的研究进一步发现，奖赏可以通过联结性学习对注意选择产生更持久的影响（Anderson, Laurent & Yantis, 2011b；Libera &

Chelazzi，2009；Raymond & O'Brien，2009）。例如，Anderson 等人（2011b）训练被试搜索一个两种颜色的目标刺激，两种颜色的目标分别与高低奖赏联结（见图 1.5A）。在随后没有奖赏的测试阶段，视觉搜索屏会出现一个曾经与高低奖赏联结的颜色作为其中一个干扰物（见图 1.5B），结果发现当出现一个与高奖赏联结的干扰物时，被试的反应时变慢（见图 1.5C）。这个效应被称为奖赏驱动的注意捕获（value-driven attentional capture）。有趣的是，一次奖赏联结性学习所产生的奖赏驱动的注意捕获效应，至少可以保持到学习的半年之后，提示了奖赏驱动的注意捕获具有很强的持续性（Anderson & Yantis，2013）。重要的是，在测试阶段并没有给予奖赏，刺激与奖赏的联系已经是与当前任务无关的历史，被试不再有由奖赏引起的动机去注意该干扰物。另外，奖赏联结的颜色是一个与任务无关的、非物理显著的干扰物，同样，被试也不会对该干扰物有自上而下目标驱动的注意或者自下而上刺激驱动的注意。因此，该研究证明，奖赏联结性学习让一个本来中性的刺激产生一种自动化捕获注意的能力，提示了奖赏联结增加了刺激的激励显著性（incentive salience；Berridge & Robinson，1998）。类似的，其他研究发现，奖赏联结性学习可以使被试增强对奖赏联结的空间位置（Chelazzi et al.，2014）或者奖赏联结的客体（Raymond & O'Brien，2009）的注意选择的优先性。

前述的奖赏驱动的注意捕获是通过在训练阶段反复训练被试去注意与奖赏联结的目标刺激而形成的。这种范式实际上存在问题：奖赏信号总是与目标刺激的注意选择耦合。具体来说，被试注意奖赏联结刺激的行为本身被奖赏强化，从工具性学习的角度

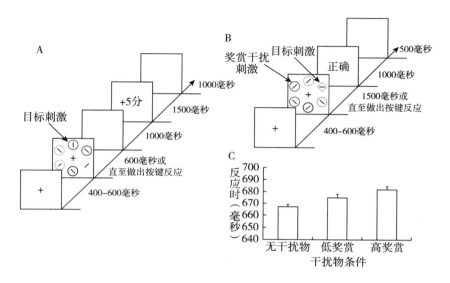

图 1.5　奖赏联结性学习奖赏驱动的注意捕获

资料来源：Anderson et al., 2011b。

看（Thorndike，1911），可以理解为训练阶段让被试学习的不仅是刺激与奖赏之间的联结关系，还是选择性注意高奖赏联结的刺激这一行为习惯。也就是说，使用奖赏联结性学习的范式下观察出来的奖赏驱动的注意捕获效应，可能只是一种工具性学习下强化的注意习惯（Anderson，2016；LePelley，Mitchell，Beesley，George & Wills，2016）。最近的研究进一步把以往研究中的奖赏信号与目标位置耦合的成分去除，关注刺激与奖赏在巴甫洛夫经典条件学习下是否也能产生奖赏驱动的注意捕获效应。LePelley等（2015）研究了一个提示当前试次奖赏大小的干扰物是否能引起捕获注意，即使这个提示奖赏的刺激从来没有与目标位置耦合，更重要的是，注意到这个刺激会适得其反地导致奖赏的缺失。结果发现，被试的外显注意（眼动）和内隐注意均被这个提示奖赏的、物理显著的干扰物干扰，即当呈现一个提示高奖赏的干扰物时被试搜索目标的反应速度反而变慢，且有更多的第一眼跳落到提示高奖赏的干扰物上。类似的，Failing 等（2015）也发现，即使该提示奖赏的干扰刺激并非物理显著，也能捕获更多的第一眼跳。Failing 等（2015）和 LePelley 等（2015）研究的重要性在于与奖赏联结学习范式下的研究相比，奖赏驱动的注意捕获的发生，可以只依赖于奖赏干扰物所提示的巴甫洛夫信号。该结论早在 Peck 等（2009）的研究中就已有所提示，然而并不能从他们的研究中直接得出。因为在 Peck 等（2009）的研究中，虽然奖赏联结的刺激没有与目标位置耦合，即奖赏联结的刺激随机出现在目标刺激的同侧或者异侧，但是，该设计的问题是奖赏信号总出现在目标之前，且奖赏信号与目标刺激间隔的时间较长，很难排除研究对象（猴子）会策略性地先注意提示奖赏的刺激再注意目标的可能（Bromberg-Martin & Hikosaka，2009）。

二　奖赏驱动注意捕获的神经机制

在理论层面上，研究者把奖赏驱动注意捕获现象归因于与奖赏联结刺激的激励显著性（Berridge & Robinson，1998）的提高。奖赏对认知的影响主要有三种成分：动机、学习和情绪。激励显著性理论认为，奖赏或者奖赏预期诱发了中脑多巴胺的活动（Schultz & Dickinson，2000），一个中性的刺激通过奖赏联结性学习建立起与奖赏的联结关系（奖赏对认知影响的学习成分），最终使一个本来中性的刺激获得了激励显著性。从感知觉角度看，具有激励显著性的刺激由于显著性的增强，相对于显著性低的刺激更为"凸显"，因而产生了注意选择的优先性并能够捕获注意。值得一提的是，刺激已经获得的激励显著性，改变的是刺激的动机成分（motivational component）而不是情绪成分（emotional component），即激励显著性高的刺激，让动物觉得更想获得（wanting）该刺激，而不是更喜欢（liking）该刺激。

在神经层面上，越来越多的证据表明奖赏的驱动注意涉及的脑网络主要包括三个部分：奖赏系统、视觉系统和后部顶叶注意网络。

在奖赏系统方面，领域内的研究一致发现，奖赏联结干扰物的出现会伴随着奖赏系统的血氧活动的增强（Anderson, Laurent, & Yantis, 2014; Gong, Jia, & Li, 2017; Wang et al., 2015），或者奖赏系统的活动能预测视觉区域活动受奖赏调节的效应（Barbaro, Peelen, & Hickey, 2017; Hickey & Peelen, 2015, 2017）。其中，受奖赏干扰物调节的奖赏脑区包括：与多巴胺释放紧密相关的位于中脑的黑质（substantia nigra, SN）及腹侧被盖区（ventral tegmental area, VTA）、位于基底神经节纹状体区域的尾核尾部（caudate tail）以及眶额皮层（orbitofrontal cortex, OFC）。进一步，Anderson 等（2016）通过使用正电子放射成像技术（positron emission tomography, PET）发现，中脑多巴胺的受体量或释放量可以预测奖赏驱动的注意捕获效应的大小。前人的文献中没有发现腹内侧前额叶有更高的激活水平，而Vaidya 和 Fellows（2015）通过研究脑损伤病人发现，腹内侧前额与奖赏相关的启动效应具有因果关系。另外，Wang 等（2015）发现，加工奖赏和疼痛等主观显著性信息的前脑岛

（anterior insula），作为一个关键的节点，调控着奖赏驱动的注意捕获的效应。

在视觉系统方面，关于奖赏联结的干扰物对视觉系统活动有何影响这一问题，至今还没有统一的结论。一些证据显示，奖赏干扰物的出现伴随着加工奖赏干扰物的视觉区域神经活动的增强。例如，Hickey 等（2010）发现，与奖赏关联的干扰物特征调节了早期的注意成分 P1，且诱发了一个更大的 N2pc 成分。磁共振研究发现，出现一个高奖赏相关的干扰物引起了对客体刺激敏感的视觉脑区（lateral occipital complex，LOC；Grill-Spector，Kourtzi，& Kanwisher，2001）和外纹状皮层（extrastriate cortex）更强的血氧活动变化（Anderson et al.，2014；Wang et al.，2015）。然而，另一些证据显示，奖赏干扰物的出现伴随着加工奖赏干扰物的视觉区域神经活动的抑制。例如，Barbaro 等（2017）和 Hickey 等（2015）发现当与奖赏联结的客体以干扰物的角色呈现时，OSC 脑区（object-selective visual cortex，也称为 LOC 脑区）对客体类别的解码正确率下降。类似的，Gong 等（2017）通过前馈编码模型（forward encoding model），发现早期视觉皮层（primary visual cortex，V1）选择性地抑制了负责高奖赏联结刺激加工通道的活动。Qi 等（2013）和 Feldmann-Wüstefeld 等（2016）发现，奖赏干扰物相关的 N2pc 成分出现后，还可能伴随着一个抑制相关的成分 Pd 的出现。这些结果表明，奖赏显著性高的干扰物在视觉系统的表征受到了抑制。总的来说，关于奖赏信号对视觉系统如何调节的问题的争议较多，目前尚且没有定论。

在后部顶叶注意网络方面，研究发现，双侧后部顶叶在高奖赏干扰物出现时激活增强（Anderson et al., 2014; Wang et al., 2015），能预测奖赏对视觉区域表征调节的变化（Barbaro et al., 2017; Hickey & Peelen, 2015）。电生理研究也发现，当预测高奖赏或者高惩罚的刺激落在外侧顶内沟（LIP）感受野范围内时神经元的发放率更高，并且这种神经元编码并未反映猴子的动作选择，而是反映了刺激动机显著性方面的信息（Leathers & Olson, 2013; Peck, Jangraw, Suzuki, Efem & Gottlieb, 2009）。这些研究发现与物理刺激显著性在后部顶叶表征的研究发现相呼应（Buschman & Miller, 2007; Suzuki & Gottlieb, 2013）。

第三节　信息加工自动化程度、
注意窗口与意识通达

从现象层面看，奖赏驱动的注意捕获与经典的刺激驱动的注意捕获非常相似，其发生都较为自动化。Jonides（1981）定义了注意分配自动化的标准：需要最少的工作记忆资源（负载不敏感准则，load-insensitive criterion），以及不受到注意抑制的影响（意志准则，intentionality criterion）。因为不受注意抑制这一标准得到了满足，奖赏驱动的注意捕获与刺激驱动的注意捕获被普遍认为是一个自动化的过程。同时，Jonides（1981）也发现，当物理显著的空间线索提示目标位置具有更高的有效性（validity）的时候，该物理显著的空间线索所产生的线索提示效应（cueing effect）更大（Posner, 1980），该发现表明刺激驱动的捕获注意可能在某种程度上受到自上而下注意的控制。

Yantis 和 Jonides（1990）进一步采用 Kahneman 和 Treisman

（1984）的观点定义加工自动化的程度。Kahneman 和 Treisman（1984）认为，一个被认为具有强烈自动化的过程，需要满足两个条件：第一，当注意集中在该刺激上，该过程没有被促进；第二，当注意没有集中在该刺激上，该过程没有被抑制。只要在某些情景下违反了这个标准，则该信息加工的过程只能说是部分自动化（partially automatic）而不是非常强烈的自动化（Kahneman & Treisman，1984）。Yantis 和 Jonides（1990）使用突现刺激（abrupt onset），即一种被认为是在物理显著性上比奇异特征更强的视觉刺激（Jonides & Yantis，1988），来探究刺激驱动的注意捕获在多大程度上满足 Kahneman 和 Treisman（1984）提出的自动化的标准。Yantis 和 Jonides（1990）发现，在使用内源性线索提示被试目标位置的情况下，突现刺激不再捕获注意（见图 1.6A 和图 1.6B；类似的结果见 Theeuwes，1991）。因此，从更严格的自动化标准来看，刺激驱动的注意捕获过程也不是完全自动化的，这一过程仍会受限于被试自上而下的注意定式（attentional set）。重要的是，后续研究发现，刺激驱动的注意捕获是否能够发生，取决于物理显著刺激是否落在注意窗口（attentional window）里，即被试的注意是否在刺激所在的空间范围内（Belopolsky & Theeuwes，2010；Belopolsky，Zwaan，Theeuwes & Kramer，2007）。研究者认为，当显著干扰物刺激不在注意窗口范围内时，显著的刺激在注意选择前没有同时与其他刺激一起被加工（即并行加工，parallel processing），因此即使突现刺激具有非常高的物理显著性也不会捕获注意（见图 1.6C 和图 1.6D）。同样，注意窗口理论也解释了在串行加工（serial processing）的搜索中（在搜索中需要逐个刺激的确认是否为目

标刺激）为什么没有观察到刺激驱动的注意捕获效应（Bacon &
Egeth，1994）。

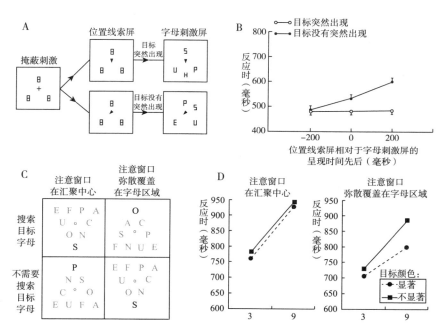

图 1.6 注意窗口对刺激驱动的注意捕获的限制

资料来源：Yantis & Jonides，1990（图 A 和图 B）；Belopolsky et al.，2007
（图 C 和图 D）。

虽然关于注意（attention）和意识（consciousness）是否为
相同的过程、是否有相同的脑机制这一问题目前还存在争论，但
研究一致表明，注意可以在无意识的情况下产生（Koch &
Tsuchiya，2007，2012；Lamme，2003）。近年研究发现，除了刺
激的低级属性（如朝向、空间频率和颜色；见 Blake & Fox，
1974；Rothkirch，Stein，Sekutowicz & Sterzer，2012；White，
Petry，Riggs & Miller，1978）以外，一些高级的、复杂的刺激属

性，如恐惧情绪、裸体的性别、金钱的高低、复杂场景中的不协调（incongruency）、物理显著的单一特征（feature singleton）、轮廓（contour）的连续性和朝向的明显对比（orientation contrast）也能在无意识阶段被加工（Hsieh, Colas & Kanwisher, 2011；Jiang, Costello, Fang, Huang & He, 2006；Y. Li & S. Li, 2015；Mudrik, Breska, Lamy & Deouell, 2011；Tamietto & Gelder, 2010；Xue, Zhou & Li, 2015；Zhang, Zhaoping, Zhou & Fang, 2012）。当研究者使用注意探测任务来探测被试对刺激的无意识注意时，他们发现，这些被连续闪烁的掩蔽（Fang & He, 2005；Tsuchiya & Koch, 2005）所抑制的具有生物重要性的刺激以及刺激朝向和轮廓具有强烈对比的刺激，能引导被试的注意偏向于这些刺激，即在无意识条件下产生更强烈的注意吸引效应（Hsieh et al., 2011；Jiang et al., 2006；Tamietto & Gelder, 2010）。

除了上述无意识注意范式，研究者还会使用连续闪烁抑制的范式——突破连续闪烁抑制（breaking continuous flash suppression, 简称 breaking-CFS）范式（Jiang, Costello & He, 2007）来测量刺激从无意识进入视觉意识所需的时间（Gayet, Stigchel, & Paffen, 2014）。类似的，使用该范式的研究也发现，具有物理显著性或者情绪显著性的刺激在意识通达（conscious access）过程（刺激更快地从无意识状态进入意识状态的过程），具有更大的优先性。

重要的是，上述无意识刺激的属性为刺激的固有属性，而其他研究发现通过短暂的条件学习而赋予刺激的属性，也能产生无意识的加工（见图 1.7）。例如，给被试呈现受到连续闪烁掩蔽所抑制的恐惧面孔，其中一个恐惧面孔通过条件学习曾与电击联结，研究发现，当抑制在知觉阈限下的恐惧面孔是曾经与电击配对的面孔时，被试的皮肤电反应（skin conductance response）更强烈，虽然这种无意识的条件学习很快消退（Raio，Carmel，Carrasco & Phelps，2012）。另外的研究发现，在双眼竞争（binocular rivary）状态下，与高奖赏联结的刺激更容易主导第一次的知觉（Balcetis，Dunning & Granot，2015），与食物有关的词语在处于饥饿状态的被试群体中突破连续闪烁抑制而进入意识的速度更快（Radel & Clément-Guillotin，2012）。

图 1.7　无意识状态下被加工的刺激

资料来源：Jiang et al.，2006；Li，Y.，& Li，S.，2015；Mudrik et al.，2011；Xue et al.，2015；Zhang et al.，2012。

第四节　研究问题的提出

奖赏驱动的注意捕获现象是当前认知神经科学领域中注意选择研究的热点问题。快速注意到奖赏相关的刺激对人类具有重要的意义。同时，从临床应用方面看，现有研究提示了与药物成瘾

（drug addition）、人类免疫缺陷病毒有关的危险行为（HIV-risky behavior）和肥胖（obesity）等社会不适的临床问题，与奖赏驱动的选择性注意高度自动化也有关（Anderson，Faulkner，Rilee，Yantis，& Marvel，2013；Anderson，Kronemer，Rilee，Sacktor，& Marvel，2016）。因此，研究奖赏驱动的注意捕获的形成及其控制机制，也将具有重要的临床应用价值。

　　根据前面综述，虽然最近研究已经发现奖赏显著的干扰物可以在违背被试意愿的情况下捕获注意，是注意控制所不能抑制的，然而，研究者对奖赏驱动的注意捕获发生的必要条件、与其他非自主的注意选择的异同了解较少，对奖赏驱动的和刺激驱动的注意在顶叶的神经机制尚且不清楚。第一，物理显著性高的刺激影响注意和知觉，但是其发生仍然具有一定的条件或者边界——在无意识条件下仍能发生，但会受到注意窗口的范围的约束和限制。那么，与刺激驱动的注意捕获非常相似的奖赏驱动的注意捕获，其发生具有怎样的条件和边界？第二，奖赏和惩罚同为类似的具有生物学重要性的信号，而启动却属于与生物学重要性不相关的选择历史。那么，奖赏作为其中一种选择历史，与其他不同类别的选择历史相比，注意选择的自动化是否也存在差异？第三，奖赏驱动的注意捕获与刺激驱动的注意捕获都自动化发生，前人已经对刺激驱动的注意捕获在后部顶叶的机制具有一定的认识，那么奖赏驱动的注意捕获是否也在后部顶叶具有相似的注意控制神经机制？

　　本书将基于以上的主要研究问题，从选择优先性发生的注意和意识条件、选择历史比较和后部顶叶神经机制三方面探究奖赏驱动的注意捕获。

一 奖赏联结刺激选择优先性的注意和意识条件

一方面，我们知道一个预测奖赏的干扰物在注意选择方面具有优先性。根据 Jonides（1981）及 Jonides 等（1985）提出的意志准则，由于奖赏相关的干扰物可以在任务无关并且违背被试主观意愿的情景下捕获注意，满足了意志准则，因此，研究者普遍认为奖赏驱动的捕获注意具有自动化的特性。然而，根据 Kahneman 和 Treisman（1984）提出的对自动化更严格的定义标准，研究者对于奖赏相关的干扰物能在多大程度上自动化地捕获注意仍然不清楚。研究这一问题有助于我们理解奖赏驱动的注意捕获是否需要在注意层面上具备一定的必要条件。

另一方面，与注意选择类似，知觉系统也不能对所有输入的视觉刺激产生视觉意识。只有部分视觉刺激因为物理属性强度高或者自上而下选择性注意，所以上升到能被我们知觉到的意识状态（Dehaene，Changeux，Naccache，Sackur，& Sergent，2006）。而如上文综述总结的，近期研究发现具有生物学重要性的刺激在无意识层面也具有加工优势，具体体现为被连续闪烁抑制的刺激可以作为线索发生无意识注意，或者表现为刺激更快地进入意识。然而，通过短暂的刺激奖赏联结性学习，一个本来中性的刺激获得奖赏属性后，在无意识层面上是否也具有加工的优先性，对于这一点，研究者还不清楚。测量奖赏联结刺激在意识通达的优先性，有助于我们从侧面理解奖赏驱动的注意选择是否需要刺激产生视觉意识。

二 奖赏、惩罚和启动三类选择历史对早期和晚期外显注意的影响

从上文综述中，我们发现，奖赏和惩罚同为类似的具有生物学重要性的信号，而启动却属于与生物学重要性不相关的选择历史。以往研究对于中性刺激是否可以通过惩罚的联结性学习引起注意捕获尚有争议（Schmidt et al.，2015b；Wang，Yu，& Zhou，2013；但见 Barbaro et al.，2017；Raymond & O'Brien，2009；Vogt，Koster，& De Houwer，2017）。另外，以往研究大多采用任务相关的或者物理显著的刺激特征来考察启动效应，难以避免自上而下和自下而上注意选择的影响及其与启动发生的交互影响。在第二个研究中，我们将设定干扰物处于与当前要搜索的目标特征无关的、物理属性不显著的条件下，对比奖赏、惩罚和启动这三类不同的选择历史对注意选择的影响。鉴于以往研究证明了眼睛的移动总是发生在注意转移之后（Deubel & Schneider，1996；Godijn & Theeuwes，2003；Hoffman & Subramaniam，1995），眼动的方向可以作为一个测量空间注意选择的直接方法，我们采用了眼动记录这一时间和空间分辨率高的方法，追踪被试在呈现奖赏、惩罚和启动干扰物的视觉搜索过程中外显注意的选择。

三 奖赏和物理显著性的后部顶叶神经机制

我们对于奖赏驱动的注意捕获现象的神经机制的认识，仍集中在奖赏系统和视觉系统，对于后部顶叶所扮演的具体角色目前尚未探讨。正如上文综述，已有研究对后部顶叶在刺激驱动的注

意捕获方面的具体功能有相对清晰的了解：后部顶叶对显著干扰物的加工具有因果关系，且后部顶叶可以以自上而下的方式调控视觉区域对显著干扰物的表征。类似的，后部顶叶是否也扮演着调制奖赏显著干扰物被注意选择的角色尚且不清楚。研究后部顶叶对奖赏驱动的注意捕获的具体作用，将有助于我们理解和澄清现有在视觉系统上出现的争议。具体来说，如果后部顶叶可以调控奖赏显著干扰物的注意选择，那么现阶段发现的奖赏关联的干扰物在视觉皮层上表征增强或者抑制的争议（Barbaro et al., 2017；Gong et al., 2017；Hickey & Peelen, 2015, 2017；但见 Anderson, 2017；Anderson et al., 2014；Wang et al., 2015）将可能得到解决。例如，视觉皮层上对奖赏干扰物的加工，可能会取决于在特定的任务下后部顶叶是否积极地参与到干扰物抑制的过程。

第五节 本书的组织框架

根据以上总结的研究进展，本书将从三个方面考察奖赏显著性驱动的注意选择的自动化：注意和意识条件、选择历史比较和后部顶叶的控制作用（见图1.8）。第一章是绪论。第二章是关于奖赏显著性的产生与注意窗口和视觉意识的关系，试图探测奖赏显著性驱动的注意选择的优先性是否需要意识和注意的参与。第三章是关于奖赏驱动的注意捕获与其他两类选择历史（金钱惩罚和启动）的比较，该研究使用记录眼动的方法外显地测量选择历史对注意选择的作用。第四章是关于后部顶叶在奖赏显著性驱动的注意中扮演的角色，该研究使用功能磁共振成像技术来定位负责加工干扰物的显著性的顶叶脑区，并采用经颅磁刺激技术探究后部顶叶对抑制奖赏干扰物的因果作用。第五章是奖赏驱动注意捕获机制讨论。

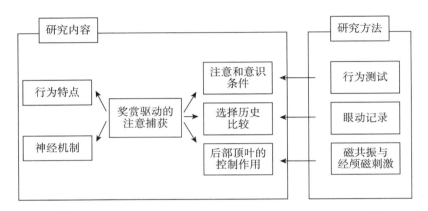

图 1.8　本书的组织框架

第二章
奖赏联结刺激选择优先性的注意和意识条件

引　言

在日常生活中，我们的视觉系统连续地接受大量视觉信息，而我们能够加工这些视觉信息的认知资源往往是有限的。在众多的视觉信息中，往往只有少部分能够进入视觉意识（Baars，1997；Crick & Koch，2003；Dennett & Weiner，1991）以及被选择性注意进行加工（Desimone & Duncan，1995）。越来越多的证据表明，那些关乎生存的、具有生态学意义的信息，如奖赏和情绪刺激，往往会更为自动化地进入视觉意识以及被选择性注意进行加工（Pessoa & Adolphs，2010；Tamietto & Gelder，2010）。

与注意选择类似，知觉系统也不能对所有输入的视觉刺激产生意识，只有输入强度高的刺激以及被自上而下选择性注意的刺激，才更有可能上升到能被我们知觉到的意识状态（Dehaene et al.，2006）。前人研究发现，具有生物学重要性或者物理显著性的刺激，在无意识层面也具有加工优势，具体体现为更强烈的无意识注意或者更快的意识通达。然而，通过短暂的刺激奖赏联结性学习，一个本来中性的刺激获得奖赏属性后，在无意识层面上是否也具有加工的优先性，对于这一点，研究者还不清楚。在实验一和实验二中，我们使用突破连续闪烁抑制的范式，探究奖赏联结的刺激是否也可以优先性进入（prioritized）意识通达状态（conscious access）。

已有研究证明，奖赏相关的刺激可以捕获注意，尽管这违背了被试的意愿（Failing & Theeuwes，2017；LePelley et al.，2016；Theeuwes，2018）。被试不能阻止奖赏驱动的注意捕获的发生，满足了注意捕获自动化的"意志准则"（见绪论部分）。近年来的研究考察了这种奖赏驱动的注意捕获自动化的程度，即是属于很强的自动化，还是属于部分或者偶尔的自动化。具体来说，Munneke 等（2015，2016）发现，当使用一个呈现在屏幕中央的内源性线索提示目标位置时，位于当前集中注意范围外的能预测奖赏的干扰物仍然捕获了被试的注意。类似的，Wang 等（2015，2018）发现，当被试每个试次只需要探测在固定位置出现的目标刺激（假定被试已经凭意志控制注意集中在目标刺激的位置）时，距离目标刺激最近位置的奖赏干扰物仍然能捕获被试的注意。这些研究显示，与物理显著的刺激不同，奖赏相关的刺激能够以一种不受限于"注意窗口"的方式捕获注意，表示奖赏相关的刺激具有很强的自动化。我们的研究进一步探讨奖赏驱动的注意捕获的发生是否可以独立于当前的注意窗口。我们使用一个外源性突现线索引导被试的注意事先转移到目标刺激上，在被试当前集中的注意范围外呈现一个奖赏相关的干扰物。由于出现在注意范围内的突现线索都可以自动化地引导被试的注意（Belopolsky & Theeuwes，2010；Belopolsky et al.，2007），并且保持约 200 毫秒不出现返回抑制（inhibition of return；Klein，2000），因此，通过对实验三和实验四突现线索引导注意的设计，我们可以验证奖赏相关的刺激是否可以在注意窗口范围狭窄且聚焦在目标位置的情况下捕获空间注意。

第一节　奖赏联结的颜色刺激的无意识加工

一　实验方法

（一）被试

12 名在校学生参与本实验（7 名女性被试；被试的平均年龄为 21.1 岁）。所有被试均对本实验目的不了解，右利手，视力或者矫正视力正常，颜色视觉正常，没有精神病史、心理或认知障碍。被试按照要求填写知情同意书。该研究得到了当地伦理委员会的批准。

（二）仪器与刺激

实验刺激使用 CRT 显示器呈现给被试，屏幕分辨率为 1024×768，刷新率为 100Hz，视距为 75 厘米，实验全程使用头托为被试固定头部位置及固定视距。实验通过由 4 个平面镜组成的反射立体镜给被试的双眼分别呈现刺激。为了确保实验过程中双眼刺激融合效果良好，我们在实验前给每位被试分别调试立体镜。实验刺激由 MATLAB（the MathWorks，Natick，MA）环境下运行的 Psychtoolbox - 3.0 工具包（Brainard，1997；Pelli，1997）生成。本实验使用黑色作为刺激呈现的背景颜色。

奖赏联结性学习 实验呈现的搜索刺激，是一圈呈现在黑屏幕背景上的、围绕在中央注视圆点（直径 0.44 度视角）周围的彩色圆环图形（直径 2.5 度视角），圆环图形距离中央注视点 4.8 度视角。六个圆环分别出现在 2 点钟、4 点钟、6 点钟、8 点钟、10 点钟和 12 点钟的位置。目标刺激为红色或者绿色的圆形，随机地出现在六个位置中的一个位置。每个圆环内都有一条线段（长度 1.5 度视角），目标圆环内的线段为水平或者竖直线段，非目标圆环内的线段为倾斜的线段，线段的方向在试次间随机。搜索屏刺激使用了八种颜色，分别为红色、绿色、深蓝色、黄色、粉红色、紫色、橙色和天蓝色。其中红色、绿色和深蓝色为目标刺激的颜色，每个试次随机地呈现三种目标颜色中的一种；另外五种为非目标刺激的颜色，在每个试次中所有控制颜色都会被使用。

奖赏相关的注意测试 实验呈现的搜索刺激，是一圈呈现在黑屏幕背景上的、围绕在中央注视圆点（直径 0.44 度视角）周围的彩色圆形（直径 2.6 度视角）或者菱形（对角线 2.4 度视角），这一圈图形距离中央注视点 4.8 度视角。六个图形分别出现在 2 点钟、4 点钟、6 点钟、8 点钟、10 点钟和 12 点钟的位置。目标刺激为一个单一的形状，可能是五个圆形中的一个菱形，也可能是五个菱形中的一个圆形，随机地出现在六个位置中的一个位置。每个圆形内都有一条线段（长度 1.5 度视角），目标圆形内的线段为水平或者竖直线段，非目标圆形内的线段为倾斜的线段，线段的方向在试次间随机。搜索屏刺激使用了与奖赏联结性学习阶段相同的八种颜色，分别为红色、绿色、深蓝色、黄色、粉红色、紫色、橙色和天蓝色。其中，在奖赏联结性学习阶段作为目标颜色的红色、绿色和深蓝色，在注意测试阶段作为其中一个干扰物的颜色，每个试次只呈现这三种颜色中的一种。目标图形和另外的四个非目标图形使用与奖赏联结无关的五种控制颜色（黄、粉红、紫色、橙色和天蓝色），每个试次都呈现这五种控制颜色。

突破连续闪烁抑制测试　使用红色、绿色和蓝色的对比度不同的 Gabor 刺激（直径 1.37 度视角）。Gabor 刺激为在红色、绿色和蓝色三种颜色通道上的正弦光栅（空间频率 4.37 cycle/degree；50 种对比度分别为从 0 到 1 线性递增的值）与 cos 函数的卷积，并与二维高斯卷积（高斯窗半径为 0.35 度视角）而产生。掩蔽刺激采用灰阶的圆形或者椭圆形随机重叠而成的Mondrian 掩蔽刺激（边长 10.5 度视角）。为了促进和确保被试实验过程中双眼信息的融合，实验还给被试的双眼呈现边框刺激，边框由黑灰圆形组成，并在中央呈现一个注视十字。为了保证三个任务之间的测试环境尽可能地相似，奖赏的联结性学习任务和注意测试任务中都使用立体镜和双眼呈现的方式，实际的效果与不使用立体镜的普通行为实验的知觉效果相同。

（三）　实验设计

实验为单因素被试内设计，自变量为与视觉刺激的属性联结的奖赏价值（高奖赏、低奖赏）。实验由三个部分的任务构成：奖赏联结性学习、奖赏相关的注意测试和突破连续闪烁抑制测试。

奖赏联结性学习　目的是让被试通过视觉搜索的任务学习三种颜色和三种奖赏之间的联结。三种颜色（红色、绿色和蓝色）和三种奖赏（高奖赏、低奖赏和无奖赏）的联结关系通过拉丁方设计在被试间平衡，奖赏和朝向的联结强度为 80%。具体来说，当高奖赏相关的 Gabor 出现时，80%的试次会给正确按键加 0.5 分，10%的试次会给正确按键加 0.1 分，10%的试次会给正确按键反馈一个"正确"；当低奖赏相关的 Gabor 出现时，80%的试次会给正确按键加 0.1 分，10%的试次会给正确按键加 0.5 分，10%的试次会给正确按键反馈一个"正确"；当无奖赏相关的 Gabor 出现时，80%的试次会给正确按键反馈一个"正确"，10%的试次会给正确按键加 0.5 分，10%的试次会给正确按键加 0.1 分。A 组被试需要完成 840 个试次，分 7 组完成，高奖赏、低奖赏和无奖赏条件各 280 个试次。在每组实验中，三种奖赏条件的试次随机出现。

奖赏相关的注意测试 目的是检验被试是否已经习得刺激与奖赏的联结并产生奖赏相关的注意选择的优先性。在奖赏相关的注意测试中，目标刺激为单一形状，目标的颜色为控制颜色。关键的是每个试次的五个干扰物中总有一个干扰物的颜色是与奖赏相关的，即颜色是奖赏联结性学习中与高奖赏、低奖赏或者无奖赏相关的颜色。我们测试奖赏联结后的颜色是否可以诱发注意捕获。如果可以说明被试已经习得奖赏-颜色的联结，并产生注意层面上的选择性优势，则该测试阶段没有奖励加分或者任务表现的反馈。被试一共完成了 480 个试次，分 5 组完成，高奖赏、低奖赏和无奖赏条件各 160 个试次。在每组实验中，三种奖赏条件的试次随机出现。

突破连续闪烁抑制测试 测试刺激和掩蔽刺激分别呈现给被试的双眼，这种呈现方式会诱发双眼竞争（Fang & He，2005；Tsuchiya & Koch，2005）。在奖赏联结性学习前后，被试分别完成 4 组突破连续闪烁抑制测试，每组 60 个试次，即每个奖赏条件各 80 个试次。在每组实验中，三种奖赏条件的试次随机出现。

（四）　实验流程

被试完成了四天的实验。第一天进行突破连续闪烁抑制测试的前测，第二天进行奖赏联结性学习，第三天进行突破连续闪烁抑制测试的后测，第四天完成奖赏相关的注意测试。

奖赏联结性学习的试次流程如图 2.1A 所示。每个试次首先出现 200 毫秒/300 毫秒/400 毫秒的注视十字，然后呈现 500 毫秒的搜索屏刺激。被试需要搜索红色的、绿色的或者蓝色的圆环，并且判断圆环内的线段是水平还是竖直。反馈屏会在按键后呈现 1000 毫秒。正确的按键可以使被试加分，加分的高低根据奖赏和朝向的对应关系决定。错误试次呈现空屏，并伴随一声"嘀"响。试次的最后以 1000 毫秒的空白屏结束。在正式实验开始前被试有机会练习 20 个试次熟悉任务。

突破连续闪烁抑制测试的试次流程如图 2.1B 所示。在每个试次里，显示器的一个半侧会出现一个被分成两半的动态变化的 Mondrian 掩蔽刺激，通过立体镜呈现给被试的一只眼睛。显示器的另一个半侧呈现测试刺激（彩色光栅），测试刺激的出现时间为试次开始时刻间隔一段随机的时长（100 毫秒、200 毫秒、300 毫秒、400 毫秒或 500 毫秒），测试刺激在随后的 1 秒钟内对比度从 0 到 1 以线性变换的方式逐渐提高，测试刺激呈现 1 秒钟后维持不变，直到被试做出按键反应。测试刺激通过立体镜的另一个镜面呈现给被试的另一只眼睛。实验要求被试始终盯住中央注视十字，并当检测到"彩色条纹"后，尽快判断刺激是出现在屏幕的左半侧还是右半侧。我们并不需要被试报告或者等待看清条纹刺激的朝向或者颜色。按键错误的试次里，电脑会发出

"嘀"的一声提示错误。在正式实验开始前被试有机会练习 10 个试次熟悉任务。

奖赏相关的注意测试的试次流程如图 2.1C 所示。每个试次首先出现 200 毫秒/300 毫秒/400 毫秒的注视十字，然后呈现 1500 毫秒的搜索屏刺激。搜索屏刺激会在按键后消失。被试需要搜索一个形状与其他五个形状都不相同的刺激，并且判断单一形状里的线段是水平还是竖直。按键的正误在实验中没有给予反馈。试次的最后以 1000 毫秒的空白屏结束。在正式实验开始前被试有机会练习 20 个试次熟悉任务。

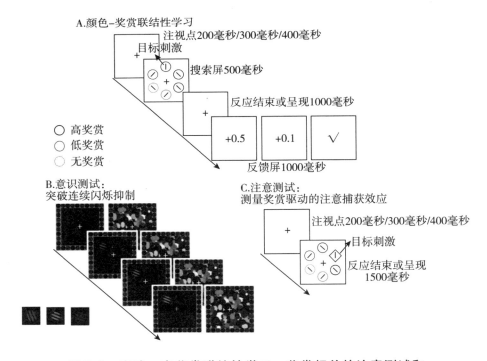

图 2.1　实验一在奖赏联结性学习、奖赏相关的注意测试和突破连续闪烁抑制测试中的试次流程

（五）数据分析

数据统计使用 SPSS 18.0.0（SPSS Inc. Chicago）和 JASP 0.8.6（University of Amsterdam，JASP Team）。对于被试的按键行为反应，我们分析了其正确率和正确试次的平均反应时。统计分析使用重复测量方差分析进行多水平的比较，效应量报告采用 η_p^2；事后检验采用最小显著差异（least significant difference，LSD）进行检验，效应量报告采用 Cohen's d 以及条件间差异的 95% 置信区间。统计显著水平以 $\alpha = 0.05$ 为标准。少量统计检验的 p 值处于 0.05 和 0.1 之间，可能因为统计效力不足而不显著。但是，考虑到可能为我们以后的研究提供重复的基础，我们还是以"边缘显著"或者"数值上有趋势但未达到显著"的形式来报告。

二 实验结果

学习阶段的平均正确率为 96.2±0.6%，对正确率进行单因素重复测量方差分析，没有发现在正确率上的奖赏主效应（$p = 0.50$）。对学习阶段的反应时进行单因素重复测量方差分析（见图 2.2A），结果显示，在奖赏联结性学习阶段，反应时奖赏主效应显著 $[F(2, 22) = 5.25，p = 0.014，\eta_p^2 = 0.32]$。事后比较分析结果发现，在奖赏联结性学习阶段，目标刺激为高奖赏联结的刺激（625.7±22.8ms），相比于无奖赏联结的刺激（691.1±30.8ms）搜索速度更快 $\{t(11) = 3.75，p = 0.003$，Cohen's $d = 1.08，CI_{95\%} = [10.4ms，27.0ms]\}$，相比于低奖赏联结的刺激（670.3±26.9ms）搜索速度在数值上有更快的趋势但未达到显著（$p = 0.09$）。

奖赏相关的注意测试任务的平均正确率为 94.4±1.4%，对正确率进行单因素重复测量方差分析，没有发现在正确率上的奖赏主效应（$p = 0.71$）。对注意测试阶段的反应时进行单因素重复测量方差分析（见图 2.2B），结果显示，在奖赏相关的注意（捕获）测试中，奖赏主效应显著 [F（2，22）$= 18.17$，$p = 0.016$，$\eta_p^2 = 0.31$]。事后比较分析结果发现，出现高奖赏联结的干扰物（761.3±26.8ms），相比于出现低奖赏或者无奖赏联结的干扰物（低奖赏 731.6±27.5ms，无奖赏 738.9±25.6ms），其搜索速度更慢 {高奖赏 vs. 低奖赏，t（11）$= 2.54$，$p = 0.027$，Cohen's $d = 0.73$，$CI_{95\%} = $ [3.98ms，55.4ms]；高奖赏 vs. 无奖赏，t（11）$= 2.37$，$p = 0.037$，Cohen's $d = 0.68$，$CI_{95\%} = $ [16ms，43.2ms]}。该结果说明，奖赏联结性学习后，高奖赏相关的颜色出现时捕获被试的注意而使反应时变慢。因此，结果提示被试已经习得了颜色刺激和奖赏之间的联结关系，奖赏联结的刺激具有注意选择的优先性。

突破连续闪烁抑制任务的前后测的平均正确率都为 100±0%。使用 2×2 因素重复测量方差分析对突破连续闪烁抑制的反应时进行检验（见图 2.2C），以测试时间（前测/后测）和奖赏（高奖赏/低奖赏）为因素。结果发现，时间的主效应显著 [F（1，11）$= 6.59$，$p = 0.026$，$\eta_p^2 = 0.37$]，没有发现显著的奖赏主效应或者奖赏与时间的交互作用（$ps > 0.65$）。事后比较分析结果发现，在后测阶段（1948.2±160.8ms）的测试，刺激突破连续闪烁抑制的反应时比前测阶段（2437.5±245.1ms）更短 {t（11）$= 2.57$，$p = 0.026$，Cohen's $d = 0.74$，$CI_{95\%} = $ [70.32ms，915.28ms]}。该结果显示，刺激的奖赏学习或者前测的学习，加快了线条刺激从无意识到意识的突破，但是没有发现奖赏刺激突破无意识的速度。

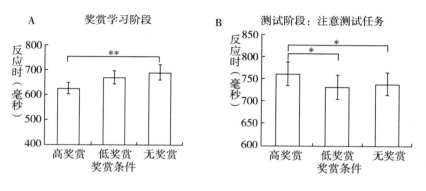

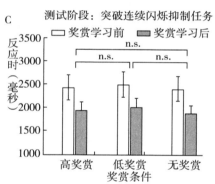

图 2.2　实验一结果

注：*代表 $p<0.05$，**代表 $p<0.01$，n.s.代表不显著。

三　实验一讨论

实验一的结果提示，被试已经习得了颜色刺激和奖赏之间的联结关系，奖赏联结的刺激具有注意选择的优先性。具体有两个结果支持：第一，在奖赏联结性学习中，被试对高奖赏刺激的注意选择更快。第二，在没有奖赏反馈的注意测试中，当高奖赏联结的干扰物出现时反应更慢，提示着高奖赏联结的刺激可以捕获注意。

然而，实验一并没有发现习得的刺激和奖赏的联结对刺激从无意识状态突破连续闪烁抑制的速度产生影响，只发现前后测突破连续闪烁抑制的速度的提高。奖赏学习试次数非常多，使测试刺激得到大量的注意，以及前测突破连续闪烁抑制任务使测量的反应时提高，可能导致奖赏对突破连续闪烁抑制反应时的测量出现地板效应。另外，使用的颜色刺激本身同质性较低，即在突破连续闪烁抑制的测量中颜色之间的差异较大。在实验二中，我们进一步控制和排除刺激差异、前测对突破连续闪烁抑制任务的训练和奖赏学习对目标刺激的训练的影响，以便测量奖赏对刺激突破无意识的影响。

第二节　奖赏联结的线段刺激的无意识加工

一　实验方法

（一）被试

35 名在校学生参与本实验（16 名女性被试；被试的平均年龄为 22.3 岁）。被试被分成 3 组，其中 10 名被分配到学习时间长、带前测组（下面称 A 组；4 名女性），12 名被分配到学习时间短、带前测组（下面称 B 组；6 名女性），13 名被分配到学习时间短、不带前测组（下面称 C 组；6 名女性）。所有被试均对本实验目的不了解，均没有参加过前述的实验一，右利手，视力或者矫正视力正常，颜色视觉正常，没有精神病史、心理或认知障碍。被试按照要求填写知情同意书。该研究得到了当地伦理委员会的批准。

（二）仪器与刺激

实验刺激使用 CRT 显示器呈现给被试，屏幕分辨率为 1024×768，刷新率为 100Hz，视距为 75 厘米，实验全程使用头托为被试固定头部位置及固定视距。实验通过由四个平面镜组成的反射立体镜给被试的双眼分别呈现刺激。为了确保实验过程中双眼刺激融合效果良好，我们在实验前给每位被试分别调试立体镜。实验刺激由 MATLAB（the MathWorks，Natick，MA）环境下运行的 Psychtoolbox-3.0 工具包（Brainard，1997；Pelli，1997）生成。在每次实验程序开始前，使用 Gamma 函数矫正 CRT 显示器的屏幕亮度。本实验使用灰色作为刺激呈现的背景颜色。

奖赏联结性学习 使用低频的圆形轮廓斜的线条刺激（直径 3 度；空间频率为 2.3 cycles/deg）。一共使用四种朝向（见表 2.1），分别为极坐标系下的 68/112/22/158 度，其中 68/112 度和 22/158 度都关于竖直方向对称。六个搜索刺激以为 4.8 度的视角距离围绕在中央注视十字（直径 0.5 度视角）周围。目标刺激为 68 度时，对应的非目标刺激为 22 度；目标刺激为 112 度时，对应的非目标刺激为 158 度。每个线条刺激中有一个字母 C，开口朝向上或者向下。

奖赏相关的注意测试 使用上述相同的线条刺激（直径 3 度；空间频率为 2.3 cycles/deg；圆形轮廓）。一共使用六种朝向（见表 2.1），分别为极坐标系下的 68/112/2/178/88/92 度，其中 68/112 度、88/92 度以及 2/178 度刺激均关于竖直方向对称。

目标刺激为 68/112 度，非目标刺激为 88/92/2/178 度。实际上，非目标刺激为水平或者竖直方向上带有 2 度随机的朝向。具体来说，每个试次中的五个非目标刺激，是水平方向上做了±2 度随机的朝向，或者是竖直方向上做了±2 度随机的朝向。该设计的目的是降低目标刺激的物理显著性以免达到反应时的地板效应。每个线条刺激中有一个字母 C，开口朝上或者朝下。

突破连续闪烁抑制测试 使用与奖赏联结性学习任务相同的线条刺激。对三组被试，实验都会呈现朝向为 68/112 度的线条刺激（即奖赏联结性学习中的目标刺激）；另外对 B 组和 C 组被试，还会呈现朝向为 22/158 度的线条刺激（即与目标刺激配对的非目标刺激，见表 2.1）。掩蔽刺激采用彩色的圆形或者椭圆形随机重叠而成的 Mondrian 掩蔽刺激（边长 10.5 度视角）。为了促进和确保被试实验过程中双眼信息的融合，实验还给被试的双眼呈现边框刺激，边框由黑灰圆形图组成，并在中央呈现一个注视十字。为了使三个任务之间的测试环境尽可能相似，奖赏的联结性学习任务和注意测试任务中都使用立体镜和双眼呈现的方式，实际的效果与不使用立体镜的普通行为实验的知觉效果相同。

表 2.1 在奖赏联结性学习、注意测试（奖赏刺激分别作为目标刺激和
干扰刺激）和突破连续闪烁抑制任务下，3 组被试被呈现的
线条刺激的角度及所需要完成的任务

单位：度

	奖赏联结性学习		注意测试 （奖赏刺激为目标）		突破意识测试
	目标	干扰	目标	干扰	目标
A 组	68/112	22/158	68/112	2/178/88/92	68/112

续表

	奖赏联结性学习		注意测试 （奖赏刺激为目标）		突破意识测试
	目标	干扰	目标	干扰	目标
B 组	68/112	22/158	—	—	68/112/22/158
C 组	68/112	22/158	—	—	68/112/22/158

（三）实验设计

实验为单因素被试内设计，因素有两个水平，分别为与两个刺激联结的高奖赏和低奖赏。实验分为奖赏联结性学习、奖赏相关的注意测试和突破连续闪烁抑制测试。

奖赏联结性学习　目的是让被试通过视觉搜索的任务学习两个朝向和两种奖赏之间的联结。朝向（68/112 度）和奖赏（高/低）的联结方式在被试间平衡。奖赏和朝向的联结强度为 90%，即当高奖赏相关的朝向出现时，90% 的试次会给正确按键加 0.5 分，10% 的试次会给正确按键加 0.1 分；当低奖赏相关的朝向出现时，90% 的试次会给正确按键加 0.1 分，10% 的试次会给正确按键加 0.5 分。在每个试次中，68 度和 112 度的目标刺激的出现，会分别对应于 22 度和 158 度的非目标刺激的出现。A 组被试需要完成 800 个试次，每个奖赏条件学习 400 个试次，分八组完成。B 组和 C 组被试需要完成 500 个试次，分五组完成，高奖赏和低奖赏条件各 250 个试次。在每组实验中，两种奖赏条件的试次随机出现。

奖赏相关的注意测试　目的是检验被试是否已经习得刺激与奖赏的联结并产生奖赏相关的注意选择的优先性。在奖赏相关的注意测试中，被试需要搜索的目标刺激朝向与奖赏联结性学习的目标刺激相同，非目标刺激为水平方向上或者竖直方向上随机±2度的倾斜线条。水平和竖直朝向的非目标刺激分别以不同的组呈现。该测试阶段没有奖励加分或者任务表现的反馈。被试一共完成了四组测试，其中两组为水平朝向非目标刺激，两组为竖直朝向非目标刺激，每组实验100个试次。总计每种非目标朝向条件下的高奖赏和低奖赏条件各100个试次。在每组实验中，两种奖赏条件的试次随机出现。

突破连续闪烁抑制测试 测试刺激和掩蔽刺激分别呈现给被试的双眼，这种呈现方式会诱发双眼竞争（Fang & He，2005；Tsuchiya & Koch，2005）。A组和B组被试在奖赏联结性学习前后都完成了两组突破连续闪烁抑制实验，每组64个试次，即每个条件完成了64个试次。C组被试只在奖赏联结性学习后完成了两组双眼条件实验，每组64个试次，即每个条件完成了64个试次。在每组实验中，两种奖赏条件的试次随机出现。

（四）实验流程

A组被试完成了三天的实验。第一天进行突破连续闪烁抑制测试的前测。第二天进行奖赏联结性学习。第三天先完成突破连续闪烁抑制测试的后测，然后完成奖赏相关的注意测试。B组被试和C组被试在同一天内完成所有实验。B组被试先进行突破连续闪烁抑制测试的前测，紧接着完成奖赏联结性学习任务，最后完成突破连续闪烁抑制测试的后测。C组被试先完成奖赏联结性学习任务，紧接着完成突破连续闪烁抑制测试。

奖赏联结性学习的试次流程如图2.3A所示。每个试次首先出现200毫秒/300毫秒/400毫秒的注视十字，然后呈现1500毫秒的搜索屏刺激。搜索屏刺激会在按键后消失。被试需要搜索一个朝向与其他五个刺激都不相同的刺激，并且判断刺激中心的 C 字开口朝上还是朝下。正确的按键可以使被试加分，加分的高低根据奖赏和朝向的对应关系决定，每个试次的加分会在搜索屏刺激消失后呈现 1000 毫秒。错误试次呈现空屏，被试不能得分，并伴随一声"嘀"响。试次的最后以 1000 毫秒的空白屏结束。在正式实验开始前被试有机会练习 20 个试次熟悉任务。

　　奖赏相关的注意测试的试次流程如图 2.3B 所示。每个试次首先出现 200 毫秒/300 毫秒/400 毫秒的注视十字，然后呈现 3000 毫秒的搜索屏刺激。搜索屏刺激会在按键后消失。被试需要搜索一个朝向与其他五个刺激都不相同的刺激，并且判断刺激中心的 C 字开口朝上还是朝下。按键的正误在实验中没有给予反馈。试次的最后以 1000 毫秒的空白屏结束。在正式实验开始前被试有机会练习 20 个试次熟悉任务。

　　突破连续闪烁抑制测试的试次流程如图 2.3C 所示。在每个试次里，显示器的一个半侧会出现一个被分成两半的动态变化的彩色的 Mondrian 掩蔽刺激，通过立体镜呈现给被试的一只眼睛。显示器的另一个半侧呈现测试刺激（线条刺激），测试刺激的出现时间为试次开始时刻间隔一段随机的时长（100 毫秒、200 毫秒、300 毫秒、400 毫秒或 500 毫秒），测试刺激在随后的 1 秒钟内从完全透明到完全不透明以线性变换的方式逐渐增加刺激强度，测试刺激呈现 1 秒钟后维持不变，直到被试做出按键反应。测试刺激通过立体镜的另一个镜面呈现给被试的另一只眼睛。实验要求被试始终盯住中央注视十字，并当检测到条纹状的刺激后，尽快判断刺激是出现在屏幕的左半侧还是右半侧。我们并不需要被试报告或者等待看清条纹刺激的朝向。按键错误的试次里，电脑会发出"嘀"的一声提示错误。

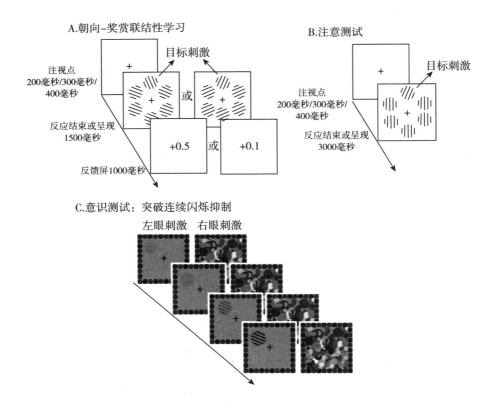

**图 2.3　实验二在奖赏联结性学习、奖赏相关的注意测试和
突破连续闪烁抑制测试中的试次流程**

（五）数据分析

数据统计使用 SPSS 18.0.0（SPSS Inc. Chicago）和 JASP 0.8.6（University of Amsterdam，JASP Team）。对于被试的按键行为反应，我们分析了其正确率和正确试次的平均反应时。统计分析使用重复测量方差分析，效应量报告采用 η_p^2；单因素两水平的变量使用配对 t 检验，效应量报告采用 Cohen's d 以及条件间

差异的 95% 置信区间。统计显著水平以 $\alpha = 0.05$ 为标准。

二　实验结果

学习阶段的平均正确率为 97.1±0.7%，平均反应时为 1021.0±67.8ms。对正确率和反应时进行配对 t 检验，均没有发现奖赏学习阶段的奖赏效应（$ps > 0.82$）。

奖赏相关的注意测试任务的平均正确率为 97.9±0.5%。对反应时进行配对 t 检验（见图 2.4B），发现高奖赏联结的刺激作为目标时相比于低奖赏联结的刺激作为目标时的搜索速度明显更快 {高奖赏联结 910.86±21.1ms，低奖赏联结 883.6±19.6ms；$t(9) = 4.26$，$p = 0.002$，Cohen's $d = 1.35$，$CI_{95\%} = [12.78ms, 41.69ms]$}。因为注意测试主要使用了两种刺激朝向作为非目标刺激（水平/竖直），我们进一步对注意测试阶段的反应时进行 2×2 因素重复测量方差分析，其中以非目标刺激的角度（水平/竖直）和奖赏（高/低）为因素。结果显示，奖赏主效应显著 $[F(1, 9) = 18.17，p = 0.002，\eta_p^2 = 0.67]$，非目标刺激的角度与奖赏之间的交互作用不显著（$ps > 0.10$）。奖赏相关的注意测试结果说明，奖赏联结的线条方向具有注意选择的优先性，被试已经习得线条刺激与奖赏之间的联结关系。

A 组被试在突破连续闪烁抑制任务的平均正确率为 99.1±0.3%。使用 2×2 因素重复测量方差分析对突破连续闪烁抑制的反应时进行检验，以测试时间（前测/后测）和奖赏（高/低）为因素（见图 2.4A）。结果发现，只有测试时间的主效应显著 $[F(1, 9) = 109.16，p < 0.001，\eta_p^2 = 0.92]$，奖赏的主效应以及奖赏与测试时间的交互不显著（$ps > 0.20$）。事后比较分析结果显示，在后测阶段（1058.6±106.1ms）测试刺激突破连续闪烁抑制的反应时比前测阶段（1474.7±106.4ms）更短｛t（9）= 10.45，$p<0.001$，Cohen's $d = 3.30$，$CI_{95\%}$ = ［326.01ms，506.20ms］｝。该结果说明，刺激的奖赏学习或者通过前测的学习，加快了线条刺激从无意识到意识的突破，但是没有发现奖赏的高低对刺激突破无意识的速度产生调节。

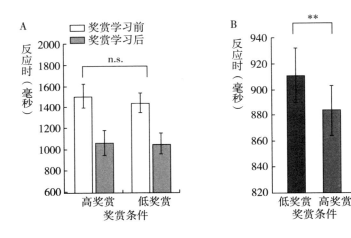

图2.4　实验二 A 组被试的结果

注：＊＊代表 $p<0.01$，n.s. 代表不显著。

B 组被试在突破连续闪烁抑制任务中的平均正确率为 99.4±0.2％。使用 2×2×2 因素重复测量方差分析对突破连续闪烁抑制的反应时进行检验，以测试时间（前测/后测）、奖赏（高/低）和测试刺激在奖赏联结性学习中的历史角色（目标/非目标）为因素（见图 2.5A）。结果发现，只测试时间的主效应显著［F（1，11）= 22.81，$p<0.001$，$\eta_p^2 = 0.67$］，测试刺激在奖赏联结性学习中的历史角色的主效应显著［F（1，11）= 6.18，$p =$

0.03，$\eta_p^2 = 0.37$]，奖赏的主效应及其他的交互作用不显著（$ps > 0.20$）。事后比较分析结果显示，在后测阶段（1383.4 ± 132.1ms）测试刺激突破连续闪烁抑制的反应时比前测阶段（1736.6 ± 189.7ms）更短 {t（11）= 4.78，$p < 0.001$，Cohen's $d = 1.38$，$CI_{95\%} = $ [190.4ms，515.9ms]}；在奖赏学习阶段作为目标（68/112度）的线条，相比于作为非目标（22/158度）的线条，在突破无意识所花的时间要更短 {t（11）= 2.49，$p = 0.03$，Cohen's $d = 0.72$，$CI_{95\%} = $ [1397.7 ± 107.4ms，1722.2 ± 218.3ms]}。

B组被试在学习阶段的平均正确率为 97.1 ± 0.7%，平均反应时为 1205.2 ± 87.7ms。对正确率和反应时进行单因素重复测量方差分析，均没有发现奖赏学习阶段的奖赏效应（$ps > 0.67$）。

对于C组被试，使用 2×2 因素重复测量方差分析对突破连续闪烁抑制的反应时进行检验，以奖赏（高/低）和测试刺激在奖赏联结性学习中的历史角色（目标/非目标）为因素（见图2.5B）。结果发现，只有测试刺激的历史角色的主效应显著 [F（1，11）= 4.84，$p = 0.050$，$\eta_p^2 = 0.31$]，奖赏的主效应以及奖赏与测试刺激的历史角色的交互不显著（$ps > 0.58$）。该结果提示，学习阶段的奖赏联结的刺激无论是作为目标物还是作为干扰物，奖赏联结刺激突破无意识的速度均未受到奖赏联结学习的影响。

C组被试在学习阶段的平均正确率为 96.7 ± 1.0%，平均反应时为 1254.4 ± 69.5ms。对正确率和反应时进行单因素重复测量方差分析，均未发现奖赏学习阶段的奖赏效应（$ps > 0.33$）。

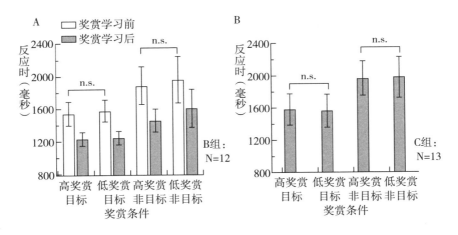

图 2.5　实验二 B 组和 C 组被试的结果

注：n. s. 代表不显著，N 代表被试的数量。

三　实验二讨论

我们在本实验采用 68/112 度线条和 22/158 度线条作为与奖赏配对的刺激，与实验一使用的颜色刺激相比，成对的线条刺激在突破无意识任务中差异较小。本实验使用更为同质的、差异更小的刺激，有利于测量刺激与奖赏联结在突破无意识中所起到的作用。然而三组被试的结果显示，刺激与奖赏的联结学习对刺激突破无意识没有影响。

对于 A 组被试，我们在奖赏联结性学习之前进行了突破无意识的前测，通过引入前测我们试图测量出突破连续闪烁抑制任务在刺激间本身的差异，以此为基线更好地测量奖赏效应。然而 A 组被试的结果说明，刺激的奖赏学习或者通过前测的学习，加快了线条刺激在后测阶段（相对于前测阶段）中突破无意识状态，但是未发现奖赏联结学习对此产生调节。

　　A组被试在前后测之间刺激突破无意识的速度明显加快，阴性结果的出现，可能是因为奖赏联结性学习使被试对目标刺激有大量的注意历史（800个试次），也可能是因为前测任务引起了对刺激或者任务过多的学习，所以后测任务中出现了地板效应。为了排除这些可能性，我们在新的两组被试的实验中做了三个改变。第一，为了减少对刺激的学习，我们让B组被试和C组被试在奖赏联结性学习中学习的试次更少（500个试次）。第二，为了对比进行前测和不进行前测对突破无意识在任务学习中的影响，我们让B组被试进行前测而C组被试不进行前测。第三，为了排除奖赏联结性学习中的目标刺激因为过度的注意历史而出现地板效应，我们在B组被试和C组被试中还测量了同样的与奖赏配对联结的非目标刺激突破无意识的速度。第三个改变基于以下假设：如果由于奖赏学习中反复对目标刺激的注意效果比奖赏效应更明显，从而没有奖赏效应的话，那么同样与高低奖赏同时配对出现的两个非目标朝向在接受同样的奖赏配对训练的同时注意训练更少，应该会更有可能观察出奖赏的作用。

　　然而，在B组被试和C组被试中，我们同样没有观察出奖赏联结性学习对无意识突破的影响。在C组被试中看到的目标刺激与非目标刺激在突破连续闪烁抑制速度的差异，我们认为并非来源于奖赏学习阶段对目标刺激的大量注意，因为B组被试在前测阶段也有该差异。因此，我们认为B组被试和C组被试在目标和非目标刺激上突破连续闪烁抑制的差异仅是由68/112度刺激对与22/158度刺激对之间的差异造成的。另外，与A组被试类似，B组被试中后测相比于前测的突破无意识速度加快，无论刺激是奖赏学习阶段的目标刺激还是非目标刺激，因此，我们认为该前后测的差异主要来源于在突破无意识任务的前测被试对任务的学习。

另外，本实验排除了无意识突破缺乏的奖赏效应来源于奖赏联结性学习失败这一可能性。A组被试在没有奖赏反馈的注意测试中表现出对高奖赏联结的刺激更快的注意选择速度，表明被试能够从此任务中习得刺激与奖赏的联结。而从前人文献看（Anderson et al., 2011b），B组和C组被试学习500个试次也足够习得奖赏-刺激的联结，并表现出自动化的注意选择的优势。因此，奖赏联结的刺激在注意层面上的优先性已经得到了反映。

第三节　奖赏驱动的注意捕获与当前集中注意

一　实验方法

（一）被试

30名在校学生参与本实验（16名女性被试；被试的平均年龄为24.3岁）。所有被试均对本实验目的不了解，右利手，视力或者矫正视力正常，颜色视觉正常，没有精神病史、心理或认知障碍。被试按照要求填写知情同意书。该研究得到了当地伦理委员会的批准。

（二）仪器与刺激

被试坐在一个灯光昏暗的测试间里，下巴以头托支撑。实验刺激呈现在一个22英寸（1英寸≈0.25米）的Samsung LCD显示器（Samsung SyncMaster 2233RZ）上，显示器的屏幕分辨率为

1680×1050，刷新率为 120Hz，视距为 70 厘米。实验刺激由
MATLAB （ the MathWorks， Natick， MA ） 环境下运行的
Psychtoolbox−3.0 工具包 （Brainard，1997；Pelli，1997） 生成。
实验前使用 Lacie Blue Eye 矫正 LCD 显示器 （Gamma = 2.2；白
点色温 = 6500 K；最大亮度 = 70 cd/m²）。本实验使用灰色作为
刺激呈现的背景颜色。

　　实验呈现的搜索刺激，是一个在黑屏幕背景上的、围绕在中
央注视圆点 （直径 0.44 度视角） 周围的彩色圆环图形 （直径 3
度视角），圆环图形距离中央注视点 6.5 度视角。彩色圆环分别
分别出现在 1 点钟、3 点钟、5 点钟、7 点钟、9 点钟和 11 点钟
的位置，目标刺激会随机出现在六个位置中的任一个位置。奖赏
干扰刺激会随机出现在目标位置的顺时针或者逆时针方向上的第
二个刺激位置 （如图 2.6 所示）。每个圆环内都有一条线段 （长
度 1.76 度视角），目标圆环内的线段为水平或者竖直线段，非目
标圆环内的线段为上端偏左或者上端偏右的线段，线段的方向在
试次间随机。外源性线索刺激为环绕在某个圆环的中心、半径为
2.5 度视角的四个灰白色点。搜索屏的圆环刺激使用了七种颜
色，分别为红色、绿色、深蓝色、黄色、粉红色、棕色和天蓝
色。其中一种颜色作为目标圆环的颜色，目标颜色在每个试次中
都会被使用；四种颜色为与目标刺激和奖赏干扰刺激都无关的控
制颜色，在每个试次中所有控制颜色都会被使用；另外两种颜色
为奖赏干扰刺激相关的颜色，每个试次中只有其中一种奖励相关
的颜色会被使用，颜色取决于该试次的奖赏水平。

　　（三） 实验设计

　　实验为 2×2 的被试内设计，因素包括外源性线索的位置

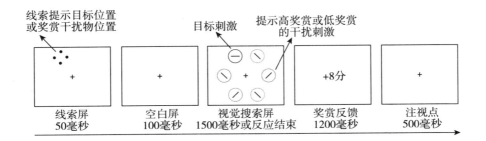

图 2.6　实验三试次流程示意图

注：为示意方便，图中黑白与实际刺激黑白颜色相反互换。

（目标刺激的位置和奖赏干扰刺激的位置）和试次奖赏的高低（高奖赏，+8分；低奖赏，+1分），即实验包含四种条件：线索提示目标位置的高奖赏试次、线索提示目标位置的低奖赏试次、线索提示奖赏干扰物位置的高奖赏试次、线索提示干扰物位置的低奖赏试次。每组实验会随机出现这四种试次。

　　红色、绿色和深蓝色圆环刺激，分别为目标刺激和奖赏相关干扰物，三者的对应关系在被试间平衡。具体来说，对1/3的被试来说，目标刺激为红色圆环，而绿色和深蓝色的圆环分别与高奖赏或者低奖赏进行联结（颜色-奖赏对应关系在这1/3的被试间平衡）；对其次的1/3被试来说，目标刺激为绿色圆环，而红色和深蓝色的圆环分别与高奖赏或者低奖赏进行联结（颜色-奖赏对应关系在这1/3的被试间平衡）；对剩下的1/3被试来说，目标刺激为深蓝色圆环，而绿色和红色的圆环分别与高奖赏或者低奖赏进行联结（颜色-奖赏对应关系在这1/3的被试间平衡）。

（四）　实验流程

实验的试次流程如图 2.6 所示，每个试次首先出现一个灰白色四点组成的外源性线索 50 毫秒，线索随机出现在目标刺激或者奖赏干扰刺激的位置，但被试并没有被告知这个线索与搜索屏中的目标及奖赏相关干扰物刺激之间的关系。外源性线索消失后呈现 100 毫秒的注视点空白屏。接着，屏幕上出现 1500 毫秒的搜索屏，当被试做出按键反应时搜索屏刺激消失。搜索屏呈现六个彩色圆环，目标颜色固定为红色、绿色、蓝色中的一种颜色；另外，搜索屏总会出现一个奖赏相关的干扰物，其颜色为红色、绿色、蓝色中两个非目标颜色中的一种颜色。搜索屏刺激消失后，根据被试的按键反应呈现奖赏反馈屏 1200 毫秒，被试将会看见"+8 分"、"+1 分"、"+0 分"（反应慢）和"+0 分"（反应错误）的反馈。奖赏反馈屏消失后，接着出现试次间的注视点。

被试的任务是搜索一个目标色的圆环，并判断圆环内的线段是水平还是竖直。在每个试次中，被试每做出一个正确并且快速的按键反应，都可以获得一个高分（8 分）或者低分（1 分）的奖赏。每个试次奖赏的高低，取决于该试次出现的奖赏干扰物的颜色。例如，红色是被试目标颜色，绿色或者深蓝色则预示着当前试次可以获得的是高奖励还是低奖励。获得奖励的反应速度标准，为前一组实验试次反应时的 75% 分位数。被试需要快于这个反应时标准且反应正确，才能获得相应的分数。当反应正确但是慢于该速度标准时，被试不能获得加分，屏幕上会提示"+0 分"（反应慢）。当被试反应错误时，被试也不能获得加分，屏幕上会提示"+0 分"（反应错误）。被试进行练习的反应时标准为 850 毫秒，该时间标准由预实验确定。练习阶段中，反应时慢于该时间标准的正确反应试次里，会给被试呈现"反应慢"的反馈。

在正式实验前，被试有机会做一组 48 个试次的练习以熟悉任务。练习时只反馈反应是否正确，不反馈加分奖励。练习结束后，被试被告知他们有机会获得额外最多 4 欧元的奖金（基础被试费为 7 欧元）。他们被告知，能拿到多少奖金取决于他们在正式实验中累计得到的分数，累计得到的分数越高最后获得的奖金越多，但是具体多少分数对应多少奖金他们并没有被告知。同时，指导语告诉被试去搜索一个特定颜色的目标圆，并且每个试次都会出现一个预示着高奖赏或者低奖赏的干扰物，颜色-奖赏高低的对应关系也告知了被试。被试被提醒虽然该颜色提示了每个试次的奖赏，但是这些颜色跟他们的任务无关，他们需要既快又准地对目标颜色做出反应。另外，被试被告知在搜索屏刺激出现前会闪现一个白色的提示线索，但该线索与他们的任务也是无关的。被试在正式实验中完成 14 组实验，每组 48 个试次。

（五）数据分析

数据统计使用 SPSS 18.0.0（SPSS Inc. Chicago）和 JASP 0.8.6（University of Amsterdam，JASP Team）。对于被试的按键行为反应，我们分析了在四个实验条件下其正确率和正确试次的平均反应时，这四个条件包括：线索提示目标的高奖赏试次、线索提示目标的低奖赏试次、线索提示奖赏干扰物的高奖赏试次、线索提示奖赏干扰物的低奖赏试次。正确率的计算方式为：每个条件下在刺激消失前做出正确的按键反应的次数之和除以该条件下的试次总数。反应时的计算方式为：每个条件下在刺激消失前做出正确的按键反应的试次的反应时的平均值。

统计分析使用重复测量方差分析进行比较，当交互作用显著后使用最小显著差异进行简单效应检验；当主效应显著但是交互作用不显著后，因为只有两个水平，我们使用配对 t 检验进行事后比较。对于显著的结果，在重复测量方差分析的效应量报告采用 η_p^2，简单效应分析的效应量报告采用 Cohen's d 以及条件间差异的 95% 置信区间。统计显著水平以 $\alpha = 0.05$ 为标准。少量统计检验的 p 值处于 0.05 和 0.1 之间，可能因为统计效力不足而不显著。但是，考虑到可能为我们以后的研究提供重复的基础，我们还是以 "边缘显著" 或者 "数值上有趋势但未达到显著" 的形式来报告。

二 实验结果

我们对反应时进行了 2×2 的重复测量方差分析，以线索位置（目标/奖赏干扰物）和奖赏（高/低）为因素（见图 2.7A）。结果发现，线索位置的主效应显著 ［$F(1, 29) = 44.00$，$p < 0.001$，$\eta_p^2 = 0.60$］，奖赏的主效应显著 ［$F(1, 29) = 7.66$，$p = 0.01$，$\eta_p^2 = 0.21$］，线索位置和奖赏交互作用不显著（$p = 0.15$）。我们对线索提示主效应进行事后比较，结果发现，线索提示目标位置比提示奖赏干扰物位置的反应时更快 ｛485.8 ± 10.2ms，提示奖赏干扰物位置 506.2 ± 10.3ms；$t(29) = 6.63$，$p < 0.001$，Cohen's $d = 1.21$，$CI_{95\%} = $ ［14.14ms，26.74ms］｝；对奖赏主效应进行事后比较，结果发现，出现高奖赏干扰物比出现低奖赏干扰物的反应时更短 ｛高奖赏 498.6 ± 10.2ms，低奖赏 493 ± 10.2ms；$t(29) = 2.77$，$p = 0.01$，Cohen's $d = 0.51$，$CI_{95\%} = $ ［1.39ms，9.28ms］｝。

我们采用配对 t 检验做事前比较，分别检验当线索提示目标位置和提示奖赏干扰物位置时，是否有奖赏相关的注意捕获。结果发现，提示奖赏干扰物位置时，奖赏主效应显著｛高奖赏 509.6 ± 10.2ms，低奖赏 502.8 ± 10.5ms；$t(29) = 3.02$，$p = 0.005$，Cohen's $d = 0.55$，$CI_{95\%} = [2.20$ms，11.43ms]｝；而提示目标位置时，奖赏主效应边缘显著｛高奖赏 487.7 ± 10.3ms，低奖赏 483.8 ± 10.2ms；$t(29) = 1.85$，$p = 0.075$，Cohen's $d = 0.34$，$CI_{95\%} = [-0.41$ms，8.13ms]｝。

进一步，考虑到刺激与奖赏学习的联系可能需要一段时间才能建立起来，我们探索性地进行了分半分析（split half analysis），并以实验时间为第三个实验的变量。具体来说，我们把 14 组实验分成两半：第 1~7 组实验数据为第一半实验，第 8~14 组实验数据作为第二半实验。然后，我们对反应时进行了 2×2×2 的重复测量方差分析，以时间（前半部分/后半部分）、奖赏（高/低）和线索位置（目标/奖赏干扰物）为因素。结果发现，实验时间、线索位置和奖赏的三重交互作用显著 $[F(1, 29) = 5.83$，$p = 0.022$，$\eta_p^2 = 0.17]$。其他显著的结果还有：时间主效应显著 $[F(1, 29) = 50.98$，$p < 0.001$，$\eta_p^2 = 0.64]$，线索位置主效应显著 $[F(1, 29) = 43.60$，$p < 0.001$，$\eta_p^2 = 0.60]$，奖赏主效应显著 $[F(1, 29) = 7.87$，$p = 0.009$，$\eta_p^2 = 0.21]$，时间和线索的交互作用显著 $[F(1, 29) = 5.91$，$p = 0.022$，$\eta_p^2 = 0.17]$。

接着，因为三重交互显著，我们分别对线索提示目标位置和线索提示奖赏干扰物位置进行了 2×2 的重复测量方差分析，因素分别为奖赏（高/低）和时间（前半部分/后半部分）。第一个是线索提示目标位置的重复测量方差分析（见图 2.7B），结果发现，奖赏和时间的交互作用显著 $[F (1, 29) = 4.86, p = 0.036, \eta_p^2 = 0.14]$，奖赏主效应边缘显著 $[F (1, 29) = 3.44, p = 0.074, \eta_p^2 = 0.11]$。第二个是线索提示奖赏干扰物的重复测量方差分析（见图 2.7C），结果发现，奖赏的主效应显著 $[F (1, 29) = 9.46, p = 0.005, \eta_p^2 = 0.25]$，而时间和奖赏的交互不显著（$p = 0.15$）。最后，我们对提示目标条件下的二重交互作用做进一步的简单效应分析（以奖赏为简单主效应因素，以时间为调节因素，见图 2.7B）。结果发现，当线索提示目标位置时，高奖赏干扰物的出现（相对于低奖赏干扰物的出现）使反应时变慢的效应，只出现在实验的后半部分 ｛高奖赏 477.0 ± 9.9ms，低奖赏 470.1 ± 9.6ms；$t (29) = 2.74, p = 0.010$，Cohen's $d = 0.50$，$CI_{95\%} = [1.76$ms，12.09ms$]$ ｝，而未出现在前半部分（$p = 0.77$）。

　　类似的，我们对正确率进行与反应时相同的分析。首先是进行 2×2 的重复测量方差分析，以线索位置（目标/奖赏干扰物）和奖赏（高/低）为因素。结果发现，线索位置的主效应显著 $[F (1, 29) = 15.98, p < 0.001, \eta_p^2 = 0.36]$，奖赏主效应边缘显著 $[F (1, 29) = 3.18, p = 0.085, \eta_p^2 = 0.10]$，交互作用不显著（$p = 0.83$）。我们对线索位置的主效应进行事后比较，结果发现，提示目标位置比提示奖赏干扰物位置的条件下正确率更高 ｛提示目标位置 $93.2 \pm 1.0\%$，提示奖赏干扰物位置 $90.6 \pm 1.4\%$；$t (29) = 4.00, p < 0.001$，Cohen's $d = 0.73$，$CI_{95\%} = [1.27\%, 3.91\%]$ ｝。其次是进行 $2 \times 2 \times 2$ 的重复测量方差分析，以时间（前半部分/后半部分）、奖赏（高/低）和线索位置（目标/奖赏干扰物）为因素。结果只发现实验时间和线索位置的边缘显著 $[F (1, 29) = 3.39, p = 0.076 \eta_p^2 = 0.11]$，三重交互和二重交

互不显著（$p > 0.71$）。

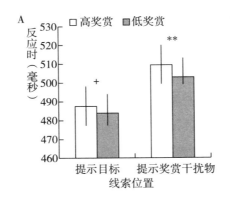

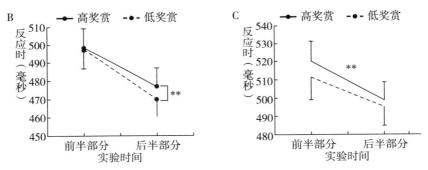

图 2.7　实验三结果

注：＊＊代表 $p < 0.01$，＋代表 $0.05 < p < 0.10$。

三　实验三讨论

实验三的结果表明，随着奖赏和刺激反复配对学习，在实验的后半部分，当外源性线索提示目标刺激位置时，即使当前的集中注意已经转移到目标位置，高奖赏相关的干扰物也延迟了被试对目标的反应。该结果提示着奖赏驱动的注意捕获可以发生在当前的集中注意窗口已经转移到目标位置的情景中。而当外源性线索提示奖赏干扰物位置时，奖赏干扰物的奖赏信息并没有引发更高的动机把注意从干扰物的位置撤离（attentional disengagement）。相反，我们发现，在当前的集中注意已经转移到奖赏干扰物位置的条件下，高奖赏干扰物的特征延迟了被试对目标刺激的反应。

在下一节的实验中，我们进一步重复并且验证本实验的发现。具体的，我们利用奖赏干扰物线段的朝向与目标刺激线段的朝向是否一致来探测奖赏干扰物是否可以在集中注意已经转移到目标位置的条件下引起空间注意的捕获。

第四节　当前集中注意之外的奖赏捕获注意的空间特性

一　实验方法

（一）被试

30 名在校学生参与本实验（18 名女性被试；被试的平均年龄为 23.5 岁）。所有被试均对本实验目的不了解，右利手，视力或者矫正视力正常，颜色视觉正常，没有精神病史、心理或认知障碍。被试按照要求填写知情同意书。该研究得到了当地伦理委员会的批准。

（二）仪器与刺激

仪器与实验刺激与实验三基本相同，唯一不同在于实验四中视觉搜索刺激屏的所有线段都是水平或者竖直的线段。

（三）实验设计

在实验三的基础上，实验四加入了第三个实验变量——目标和奖赏干扰物之间的线段朝向是否一致。这样设计是为了检验本研究中奖赏相关的注意捕获是一种基于空间注意的加工，还是基于与空间注意无关的非空间注意过滤过程（distractor filerting）。我们假设，发生在集中注意范围之外的、奖赏相关的注意捕获，如果是基于空间注意的，那么当外源性线索提示目标位置时，奖赏干扰物内的线段朝向与目标线段的朝向一致会促进被试的按键反应（见图 2.8B 左图），朝向不一致会干扰被试的按键反应（见图 2.8B 右图）。

（四） 实验流程

实验四的仪器与实验刺激和实验三基本相同，唯一不同的试次流程在于：实验四中视觉搜索刺激屏的所有的线段都是水平或者竖直的线段（如图 2.8A 和图 2.8B 所示）。

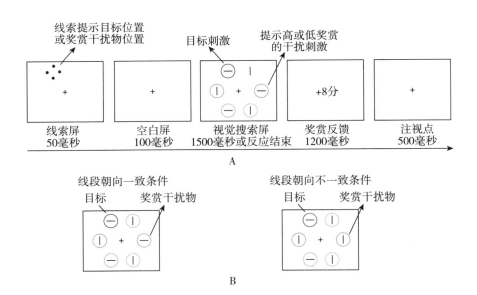

图 2.8　实验四的试次流程和设计

（五）数据分析

除了做与实验三相同的分析，基于实验四的事前假设和设计，我们着重分析当线索提示目标位置时，目标-奖赏干扰物之间的反应一致性效应。具体来说，我们进一步把试次分成两种条件：奖赏相关圆环内的线段和目标圆环内的线段方向一致的条件（简称"反应一致"条件），以及两者线段方向不一致的条件（简称"反应不一致"条件）。

二　实验结果

和实验三类似，我们对反应时进行了 2×2 的重复测量方差分析，以线索位置（目标/奖赏干扰物）和奖赏（高/低）为因素。在反应时指标上，结果发现，线索位置的主效应显著 $[F(1, 29) = 42.29, p < 0.001, \eta_p^2 = 0.59]$，以及奖赏的主效应边缘显著 $[F(1, 29) = 3.83, p = 0.06, \eta_p^2 = 0.12]$。对线索位置的主效应做事后比较，结果发现，线索提示目标位置比提示奖赏干扰物位置的反应时更短 $\{$ 提示目标位置 514.5±14.8ms，提示奖赏干扰物位置 541.5±15.0ms；$t(29) = 6.50, p < 0.001$，Cohen's $d = 1.19$，$CI_{95\%} = [18.52ms, 35.32ms] \}$。对奖赏的边缘显著的主效应做事后比较，结果发现，出现高奖赏干扰物时，反应时有比出现低奖赏干扰物时更慢的趋势 $\{$ 高奖赏 530.2±14.4ms，低奖赏 525.8±15.2ms；$t(29) = 1.96, p = 0.06$，Cohen's $d = 0.36$，$CI_{95\%} = [0.20ms, 8.87ms] \}$。

和实验三类似，我们对反应时进行了 2×2×2 的重复测量方差分析，以线索位置（目标/奖赏干扰物）、奖赏（高/低）和实验时间（前半部分/后半部分）为因素。结果发现，实验时间、线索位置和奖赏的三重交互作用显著 $[F(1, 29) = 8.96, p = 0.006, \eta_p^2 = 0.24]$。其他显著的结果还有：时间的主效应显著 $[F(1, 29) = 27.17, p < 0.001, \eta_p^2 = 0.48]$，线索位置的主效应显著 $[F(1, 29) = 42.34, p < 0.001, \eta_p^2 = 0.59]$，奖赏的主效应边缘显著 $[F(1, 29) = 3.87, p = 0.059, \eta_p^2 = 0.12]$，时间和奖赏的交互作用显著 $[F(1, 29) = 5.78, p = 0.023, \eta_p^2 = 0.17]$。因为三重交互显著，我们进一步做了简单主效应分析，其中以奖赏为简单效应因素、以时间和线索位置为调节因素。结果发现，在实验的后半部分、线索提示奖赏干扰物位置时，高奖赏条件比低奖赏条件反应时更长 ｛高奖赏 537.5±13.9ms，低奖赏 525.5±13.9ms；$t(29) = 3.70, p < 0.001$, Cohen's $d = 0.68$, $CI_{95\%} = [5.36ms, 18.59ms]$｝。

类似的，我们对正确率进行与反应时相同的分析。首先是进行 2×2 的重复测量方差分析，其中以线索位置（目标/奖赏干扰物）和奖赏（高/低）为因素。结果发现，线索位置的主效应显著 $[F(1, 29) = 27.17, p < 0.001, \eta_p^2 = 0.48]$。事后比较发现，线索提示目标位置相比于提示奖赏干扰物位置，正确率更高 ｛提示目标位置 92.6±0.9%，提示奖赏干扰物位置 89.5±1.4%；$t(29) = 3.09, p < 0.001$, Cohen's $d = 0.71$, $CI_{95\%} = [1.45\%, 4.72\%]$｝。对正确率进行 2×2×2 的重复测量方差分析，其中以线索位置（目标/奖赏干扰物）、奖赏（高/低）和实验时间（前半部分/后半部分）为因素，结果发现，线索位置的主效应显著 $[F(1, 29) = 14.92, p < 0.001, \eta_p^2 = 0.34]$ 和实验时间主效应边缘显著 $[F(1, 29) = 3.03, p = 0.092, \eta_p^2 = 0.10]$。

实验四的重要目的是检验外源性线索提示目标位置条件下的

奖赏相关的注意捕获是否基于空间注意。因此，我们对外源性线索提示目标位置的试次进行了 2×2 的重复测量方差分析，以奖赏（高/低）和线段朝向一致性（一致/不一致）为因素。结果发现，在正确率指标上，奖赏和线段朝向一致性的交互作用显著 $[F(1, 29) = 4.55, p = 0.042, \eta_p^2 = 0.14]$；而在反应时指标上，没有显著的主效应或者交互作用。进一步，我们对正确率指标上的交互作用进行简单效应分析，结果发现，提示目标位置后在低奖赏条件下，有"反转的"反应一致性效应。即，奖赏干扰物内的线段朝向与目标内的线段朝向不一致时比一致时正确率更高 $\{$不一致 $93.5\pm0.9\%$，一致 $92.0\pm1.1\%$；$t(29) = 2.14$，$p = 0.04$，Cohen's $d = 0.39$，$CI_{95\%} = [0\%, 2.8\%]\}$，而提示目标位置的高奖赏条件下，虽然有正的反应一致性效应（奖赏干扰物内的线段朝向与目标内的线段朝向一致），但未能达到显著 $(p = 0.21)$。

　　基于实验三的结果提示，外源性线索提示目标位置后，奖赏捕获注意只在实验的后半部分发生，没有在前半部分发生。实验三中，我们对此的解释是奖赏-刺激联结可能在前半部分的实验里还未建立起来，奖赏驱动的显著性还不够强，所以不能在注意已经转移到目标位置的时候产生注意捕获。为了在实验四中进一步检验上述解释，与实验三类似，我们对线索提示目标位置的高奖赏试次进行了分半分析，把试次根据实验时间分成前半部分和后半部分。我们对线索提示目标位置的高奖赏试次进行了 2×2 的重复测量方差分析，以线段朝向一致性（一致/不一致）和实验时间（前半部分/后半部分）为因素（见图2.9）。结果发现，实验时间和线段朝向一致性的交互作用显著 $[F(1, 29) = $

4.98，$p=0.034$，$\eta_p^2=0.15$〕。简单效应分析发现，在实验的前半部分没有一致性效应（$p=0.87$）；但在实验的后半部分出现了显著的"正的"反应一致性效应，即当奖赏干扰物内的线段朝向和目标圆内的线段朝向一致时，反应正确率更高 ⎨反应一致 93.6±0.8%，反应不一致 90.6±1.5%；t（29）=2.41，$p=0.023$，Cohen's $d=0.44$，$CI_{95\%}=$〔0.5%，5.6%〕⎬。

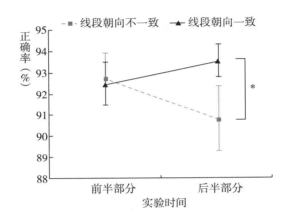

图 2.9　实验四结果

注：*代表 $p<0.05$。

三　实验四讨论

我们分析实验四的反应一致性效应，结果表明，在实验的后半部分，在外源性线索提示目标刺激位置的高奖赏条件下，高奖赏干扰物内的线段朝向与目标内的线段朝向一致条件比不一致条件下的反应正确率要更高，而低奖赏条件下则没有出现这种正向的反应一致性效应。这一结果显示，处于集中注意之外的奖赏干扰物仍然对空间注意产生捕获效应，使空间注意转移至奖赏干扰物的位置并对其进行加工。这个结果进一步支持了实验三的发现。然而，在实验四并没有发现与实验三类似的反应时效应，而且当线索提示奖赏干扰物位置时，也就是当前集中注意已经落在奖赏干扰物位置时，高奖赏干扰物条件下的反应时延长也只出现在实验的后半部分。实验四没有观察出与实验三相一致的反应时效应，其中可能的原因是实验四的所有圆环内都改用了横竖线段，被试只能从颜色来判断当前注意选择的刺激是否为目标刺激，使得反应选择的时间延长。而与之不同的是，在实验三中被试还可以根据线段是否为斜线这一与其他干扰物区别的特征进行目标刺激的确认。已有研究表明，序列搜索（serial search）或者部分序列搜索方式会使单一特征（feature singleton）捕获注意的效应消失（Jonides & Yantis，1988；Theeuwes，1991）。因此，有可能因为在实验四中被试本来可以并行搜索的方式完成任务，但是由于确认时间变得困难，搜索效率降低，所以实验四的反应时没有出现注意捕获效应。然而，实验四设计的主要目的是从反应一致性效应来重复并且验证实验三的结论，从这一角度看，实验四依然重复并且验证和支持了实验三的主要结论。

小　结

一　讨论

本研究的实验一和实验二利用突破连续闪烁抑制范式来研究奖赏联结的刺激在无意识状态下的加工。我们让被试对一个本来中性的视觉刺激与奖赏量不同的金钱奖赏进行联结性学习。我们发现，与高奖赏联结的视觉刺激在注意选择中表现出了优先性，具体表现为与高奖赏联结的刺激作为目标时促进了视觉搜索，而与高奖赏联结的刺激作为干扰物时延迟了视觉搜索反应。这一结果与经典的奖赏相关的注意现象研究一致（Anderson et al.，2011b；Kiss et al.，2009）。然而，我们并没有发现刺激与奖赏建立的联结影响刺激突破无意识的速度。这种阴性结果在实验一和实验二中一致，无论所建立联结的刺激为同质性较高的线条朝向、同质性较低的朝向、学习时间长短以及是否有前后测。

前人的研究发现高级的视觉信息特征，如恐惧面孔（Tsuchiya & Koch，2005）、带有情绪的词语（Yang & Yeh，2011）、直视的眼神（Stein, Senju, Peelen, & Sterzer, 2011）、熟悉的刺激（Jiang et al.，2007）等能够在从无意识进入意识的过程中具有优先性。大量的研究也表明情绪性刺激的知觉可以在无意识的条件下发生。同时，许多脑成像研究也发现了无意识情绪加工的神经基础。由皮层下的杏仁核（amygdala）、丘脑核（pulvinar）、基底前脑（basal forebrain）的神经核团、基底神经节的伏隔核（nucleus accumbens）、皮层上的眶额皮层（orbitofrontal cortex）和前扣带皮层（anterior cingulate cortex）组成的情绪系统，对无意识的情绪性刺激的加工起到重要作用（Pessoa & Adolphs，2010；Tamietto & Gelder，2010）。最近，Gayet 等人也同样使用突破连续闪烁抑制范式，发现被试经过颜色刺激-电击联结性学习后，与电击配对的刺激相比于没有与电击配对的刺激更容易突破掩蔽对意识的抑制。然而，本研究没有发现与情绪性刺激无意识加工优势类似的结果；同时，本研究与

Gayet 等人的研究方法和思路非常相似，却也没有发现与 Gayet 等人得出类似的结果。我们推测有以下几点原因。第一，仅仅由实验的一次联结性学习难以达到类似于人类进化过程中长期形成的对恐惧性刺激的敏感。第二，最近研究发现，以往关于刺激条件学习对无意识或者进入意识加工的研究，其中的实验方法可能存在一定的问题。例如，微笑的或者愤怒的面孔刺激嘴角弯曲等低级视觉属性增强了刺激的物理显著性，或者没有控制条件排除低级属性对效应的贡献（Gayet et al., 2014; Stein & Sterzer, 2012）。第三，通过条件学习建立刺激与情绪的联结的研究，在测试阶段仍然施加条件刺激（如电击），这可能提高了动机从而增强对刺激的敏感性，因此现有研究所报告的现象有可能夸大了联结性学习的实验效应（Gayet, Paffen, Belopolsky, Theeuwes & Van, 2016）。而在我们的研究中，作为验证刺激奖赏联结的注意测试放在了实验的最后一天，结果仍然发现奖赏相关的注意效应（见图 2.2B 和图 2.4B），因此说明刺激的奖赏联结属性并没有消失。在突破测试阶段，我们也没有给予任何奖赏和反馈，我们认为这种实验操作下没有观察到奖赏联结刺激在进入意识的优势，说明简单而短暂的奖赏刺激联结可能不足以引起无意识层面的优先性加工。因此，在没有视觉意识到刺激进入视觉意识的过程中，奖赏联结的刺激并没有得到优先性的加工。

　　与实验一和实验二形成对比的是，实验三和实验四发现，奖赏联结的刺激捕获注意可以独立于当前注意位置。具体来说，当被试的注意已经被外源性线索引导到目标刺激的位置时，一个位于当前聚焦的注意之外的高奖赏干扰物却能捕获被试的空间注意；而当奖赏联结的刺激出现在当前聚焦的注意范围内时，也能够使被试对目标刺激反应更慢。

本研究发现，奖赏驱动注意捕获的效应可以发生在当前注意已经转移到目标位置的条件下，这与近期使用其他实验范式研究的结果一致（Munneke et al.，2016；Munneke et al.，2015；Wang et al.，2018；Wang et al.，2015）。然而本研究使用的突现线索是外源性线索，而不是内源性线索（Munneke et al.，2016；Munneke et al.，2015）或者固定目标刺激位置的方法（Wang et al.，2018；Wang et al.，2015），这个设计更具有说服力，具体有两方面原因。第一，使用内源性线索有可能会使注意窗口弥散，或者需要依赖于被试的主动控制。实际上，在实验任务的练习变得更简单轻松的情况下，被试有可能没有完全充分利用内源性线索和已知的目标位置，造成注意窗口可能没有完全汇聚在目标位置上。而在本研究中，外源性线索可以在200ms的时间窗口内自动化地捕获注意（Jonides & Yantis，1988）。换言之，外源性线索能高效地把被试的注意窗口转移到目标刺激位置。第二，研究者认为，返回抑制开始的时间在200~300ms以后才发生（Klein，2000），而我们的搜索刺激在外源性线索消失100ms后就开始呈现，因此当外源性线索提示目标位置的时候，注意窗口仍然聚集在目标所在的位置。而尽管当前空间注意自动化地转移到目标位置，并且还没有离开，我们发现经过一段时间的学习后，奖赏相关的干扰物仍然捕获了注意。

另外，当外源性线索提示奖赏联结的干扰物位置时，奖赏联结的干扰物延迟了被试对目标刺激的反应。当前注意位置内的反应延迟结果，与前人文献报道的奖赏驱动的注意捕获可以基于非空间注意或者基于特征注意的发现一致（Failing & Theeuwes，

2015；Hickey, Kaiser, & Peelen, 2015）。

二　结论

通过刺激与奖赏联结性学习和突破连续闪烁抑制范式，我们未发现奖赏联结的刺激在无意识视觉加工层面的优先性。然而我们发现，不论当前注意窗口的位置在哪里，奖赏相关的干扰物均能够捕获注意。我们的研究与近期其他关于奖赏驱动的注意捕获研究相呼应，共同提示奖赏捕获注意的自动性可以不依赖于奖赏相关的干扰刺激当前的注意位置（Munneke et al., 2016；Wang et al., 2018），也不依赖于干扰刺激是否与任务相关（Anderson et al., 2011b；LePelley et al., 2015）。另外，从我们目前的研究看，没有证据提示奖赏驱动的选择优先性能够发生在刺激处于无视觉意识的加工阶段。

第三章
奖赏、惩罚和启动三类选择历史对早期和晚期外显注意的影响

引 言

除了自上而下和自下而上的注意以外，选择历史（selection history）所残留的偏差（lingering bias）被认为在选择性注意中扮演了一个同等重要的角色。其中，奖赏历史和试次间的启动是两种重要的选择历史。

研究表明，一方面，奖赏驱动注意捕获的发生主要依赖于所习得的刺激的价值（learned value），这种价值的习得可以通过任务无关的形式发生（Failing et al.，2015；LePelley et al.，2015）。另一方面，损失、惩罚、威胁性和恐惧性事件在人类生活中扮演了重要的角色，与奖赏类似也具有较高的价值（LePelley et al.，2016）。已有的证据也表明，通过任务相关的联结性学习，惩罚相关的刺激可以捕获注意（Schmidt et al.，2015b；Wang et al.，2013）。因此，研究者推测，通过任务无关的联结性学习，惩罚信号本身也应该可以产生注意捕获。然而，这一推测实际上还没有证据支持，相反，现有研究反驳了这一推测。研究者们发

现，提示损失或者威胁相关的刺激并没有引起注意捕获，注意的分配甚至可以优先性地分配到提示安全相关的刺激（Barbaro et al.，2017；Vogt et al.，2017）。这些分歧提示了两种潜在的可能：第一，惩罚相关注意捕获可以发生，奖赏和惩罚同样依赖于刺激所具有的价值，前人没有发现惩罚的注意捕获效应可能是因为注意捕获后伴随着一个非常快速的注意撤离（disengagement）；第二，奖赏驱动注意的机制，可能是以效价方式而不是价值的方式驱动，因此当效价变为负性的惩罚信号时并不会引起注意捕获。

已有的证据表明，任务或者反应相关的目标刺激的特征在下一个试次中重复时会促进对目标的搜索反应，该现象被称为试次间启动（intertrial priming）。而最近的研究提示任务无关的目标特征在试次间启动也可以使注意的选择产生偏差。在本研究中，我们利用任务无关的目标颜色从上一个试次的目标角色切换到下一个试次的干扰物角色所产生的启动效应，研究启动干扰物对注意选择的影响。

总的来说，在本研究中，我们试图为惩罚是否能引起注意捕获的分歧问题提供证据，并进一步比较奖赏、惩罚和启动这三类选择历史对注意选择的影响。我们采用眼跳作为视觉搜索任务的反应并记录眼动。采用眼动记录的优点是眼动记录手段的时间和空间分辨率高，有利于我们直接监控被试的空间注意分配。以往研究表明，内隐注意往往在外显的眼动之前发生（Deubel & Schneider，1996；Godijn & Theeuwes，2003；Hoffman & Subramaniam，1995），因此眼跳反应可以作为内隐的空间注意转移的一个指标。

第一节　奖赏、惩罚和启动三类选择历史对早期和晚期外显注意的影响实验一

一　实验方法

（一）被试

18 名在校学生参与本实验（10 名女性被试；被试的平均年龄为 21.6 岁）。所有被试均对本实验目的不了解，右利手，视力或者矫正视力正常，颜色视觉正常，没有精神病史、心理或认知障碍。被试按照要求填写知情同意书。该研究得到了当地伦理委员会的批准。

（二）仪器与刺激

被试坐在灯光昏暗的测试间里，下巴以头托支撑。实验刺激呈现在一个 21 英寸（1 英寸 ≈ 2.54 厘米）的 Dell LCD 显示器上，显示器的屏幕分辨率为 1920×1080，刷新率为 60Hz，视距为 70 厘米。实验刺激由 MATLAB（the MathWorks，Natick，MA）环境下运行的 Psychtoolbox-3.0 工具包（Brainard，1997；Pelli，1997）生成。实验前使用 Lacie Blue Eye 矫正 LCD 显示器（Gamma＝2.2；白点色温＝6500K；最大亮度＝70 坎德拉/平方米）。本实验使用黑色作为刺激呈现的背景颜色。

被试的左眼眼动用眼动仪记录（Eyelink 1000 Plus desktop system；SR Research Ltd.，Canada），眼动仪的时间分辨率为 1000Hz，注视角度的分辨率为 <0.01 度，注视位置的精确性为 0.25~0.5 度。每组实验开始前都给被试走 9 点校准（calibration）

及其验证（validation）流程。如果实验中出现较大的眼动漂移（drift of gaze），我们会暂停实验重新进行校准和验证。眼动仪的在线眼动解析器系统（online parsing system）使用其内部的算法（Eyelink；SR Research Ltd.，Canada）自动地检测眼跳（Holmqvist et al.，2011）。眼动用我们事先设定的最小阈限标准（速度 = 35度/秒；加速度 = 9500 度/秒^2）与眼睛位置采样点变化的速度和加速度相比较来检测眼跳（saccade）的起始和结束。同时，眼动仪镜头通过判断瞳孔是否丢失或者因瞳孔被眼睑遮盖而扭曲来检测眨眼（blink）。所记录到的不包含眼跳或者眨眼的眼动采样点被在线眼动解析器系统定义为注视（fixation）。

　　如图 3.1，视觉搜索屏由六个颜色各不相同的实心形状构成。目标刺激是一个单一形状，这可能是五个圆形中的一个菱形（直径 2.6 度）或者是五个菱形中的一个圆形（直径 2.4度）。五个之中的一个非目标刺激是一个提示着当前试次里可能加分或者可能丢分的干扰物（被称为价值干扰物，即 value-signaling distractor）。提示试次的价值（value）的价值干扰物为红色、绿色或者深蓝色。目标和其他四个非价值干扰物的颜色随机地从其他五个控制颜色中选取（黄色、粉红色、蓝绿色、紫色和橙色）。由于颜色随机分配，实验一 80% 的试次中有一个非价值干扰物的颜色会与上一个试次的目标的颜色相同，我们把这个干扰物称为启动干扰物。所有形状等间距地排列在距离中央注视点 5.05 度半径的圆形边上（圆形没有呈现），分别出现在 1 点钟、3 点钟、5 点钟、7 点钟和 9 点钟的位置。每一个试次中，目标的位置在六个位置中随机选取，价值干扰物的位置在剩下五个位置中随机选取。

（三） 实验设计

本实验为单因素三水平的被试内设计，主要考察两个因素：（1） 干扰物的提示价值对眼动捕获的影响；（2） 与任务无关的目标颜色在试次间的重复启动对眼动捕获的影响。第一，价值干扰条件分为奖赏、惩罚和中性三个条件，我们主要通过比较这三个条件下眼跳到价值干扰物的试次比例，考察价值提示对眼动捕获的影响。第二，因为试次间的随机，在理论上80%的试次中有一个非价值干扰物的颜色会与上一个试次的目标的颜色相同，我们把这个干扰物称为启动干扰物。通过对比启动干扰物和普通干扰物的选择试次数，我们可以考察任务无关的选择历史对眼动选择的影响。在实验一里，我们对眼动到价值干扰物的试次给予奖赏缺失、扣分惩罚和反应慢的文字反馈（具体见实验流程和表 3.1）。在实验一中，我们加入了眼动捕获的行动伴随负性反馈的设计，试图避免潜在的对眼动捕获这一行为的强化。

（四） 实验流程

试次流程如图 3.1 所示。每个试次由注视点屏、空白屏、搜索屏和反馈屏组成。每个试次开始时，实验程序需要被试成功地完成一个眼睛注视漂移检测以确保被试在实验刺激呈现前是好好盯住中央注视点的。接着出现 150～250 毫秒的空白屏，注视点后的空白屏在已有研究中被证明可以触发更快速地眼跳（Kingstone & Klein，1993；Reuter-Lorenz，Hughes，& Fendrich，1991）。搜索屏刺激最长出现 1000 毫秒。被试被要求去寻找一个单一形状，找到后又快又准地眼跳到目标刺激上。我们在目标刺激位置划定一个感兴趣区域（以目标刺激为中心 3.5 度半径的圆）。如果被试眼睛盯住这个区域超过 100 毫秒则当作正确反应，并结束呈现搜索屏。250 毫秒的空白屏后是 1250 毫秒的反馈屏，给被试呈现他们的反应正误、速度或者分数的得失。

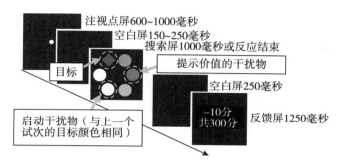

图 3.1 实验的试次流程

被试在实验前练习 30 个试次，练习时不给予加分反馈。除了让被试熟悉任务，练习的主要作用是确定一个被试眼跳到目标的时间阈限。在正式实验里被试眼跳到目标的速度需要快于该阈限，才能获得加分、避免减分或者得到一个"正确"反馈。

在开始正式实验前，被试被告知他们有机会获得基础被试费之外的奖金。具体来说，被试被告知红色、绿色和蓝色与奖励、惩罚和中性结果之间的对应关系（被试间平衡）。他们被告知每个试次的结果取决于他们眼跳到目标刺激的速度和正确度：当又快又准地盯住目标刺激的时候，他们可以在奖励试次里获取 10 分的加分、在惩罚试次里避免 10 分的扣分，以及在中性试次里得到一个"正确"的反馈；当他们准确地盯住目标刺激但是速度不够快，或者没有在 1 秒钟内盯住目标刺激，在奖励试次里他们不能得分、反馈试次里他们被倒扣 10 分，以及在中性试次里他们会得到一个"慢"的反馈。我们进一步给被试解释，如果眼睛先看到非目标图形再看到目标图形，会延迟他们对目标的反应。而实际上，我们并没有告知被试，一旦他们的眼睛注视了价值干扰物，他们在奖励试次里就不能加分、在惩罚试次里就会被倒扣分、在中性试次里就会得到"慢"的反馈（见表 3.1）。为了与前人文献保持一致，没有得到奖励、被倒扣分以及获得一个"慢"的反馈，都被称为正性反馈缺失（Failing et al.，2015；Godijn & Theeuwes，2002；Nissens，Failing，& Theeuwes，2016；Pearson et al.，2016）。

表 3.1 实验一在三种价值条件下的反馈类型，取决于眼跳到目标是否又快又准，以及眼睛是否注视到价值干扰物

价值条件	眼跳反应类型			
	又快又准	反应准确但慢	没有反应	注视到价值干扰物
奖赏	+10 分	+0 分	+0 分	+0 分
惩罚	−0 分	−10 分	−10 分	−10 分
中性	正确	慢	慢	慢

（五） 数据分析

眼动数据分析使用 Data Viewer（version 2.2.1；SR Research Ltd.，Canada）。我们计算了第一眼跳方向和第一眼跳潜伏期。第一眼跳方向的计算方法是，当每个试次的第一眼跳的着落点和一个形状的中心点的夹角（以中央注视点为参照）小于 30 度（两个形状之间夹角大小的一半）时，则该眼跳的方向被定义落在了该形状上（Failing et al.，2015；Godijn & Theeuwes，2002；Nissens，Failing，& Theeuwes，2016）。例如，如果第一眼跳的

着落点和价值干扰物的中心之间的夹角小于 30 度，那么这个试次的第一眼跳被视为指向了价值干扰物。第一眼跳的潜伏期的定义方法是，搜索屏刺激出现于第一眼跳的起始时间的间隔。

我们感兴趣的效应是选择历史对眼动选择的影响。我们做了以下分析。第一，在三个价值条件下被试正性反馈缺失的试次比例（即没有得到奖励、被倒扣分数以及获得一个"慢"的反馈的试次比例）。第二，价值和启动对第一眼跳的影响。其中启动相关的眼动捕获的试次比例，以其他三个非价值干扰物的选择试次比例除以 3 作为基线。因为其他三个非价值干扰物的颜色在试次间随机且不是上一个试次的目标刺激的颜色，也不会是价值干扰物的颜色。因此，指向其他三个干扰物的眼动反应，可以被认为没有受到自上而下的目标选择的影响，也没有受到价值和启动这些选择历史的影响。相似的处理方法在最近多个眼动研究报告中可以看到（Beck，Luck，& Hollingworth，2017；Gaspelin，Leonard，& Luck，2016）。第三，因为每个试次可以有多于一个眼跳，我们探索性地分析了每个试次的所有眼跳。我们计算并且比较了至少一个眼跳指向启动干扰物和其他三个干扰物的试次比例。

数据统计使用 SPSS 18.0.0（SPSS Inc. Chicago）和 JASP 0.8.6（University of Amsterdam，JASP Team）。对被试的按键行为反应，我们分析了正确率和正确试次的平均反应时。统计分析使用重复测量方差分析，效应量报告采用 η_p^2。交互显著后的简单效应分析，以及主效应显著后的事后比较采用最小显著差异（least significant difference，LSD）进行检验（Seaman et al.，1991），效应量报告采用 Cohen's d 以及条件间差异的 95% 置信区间。统计显著水平以 $\alpha = 0.05$ 为标准。少量统计检验的 p 值处于 0.05 和 0.1 之间，可能因为统计效力不足而不显著。但是，考虑到可能对我们以后的研究提供基础，我们还是以"边缘显著"或者"数值上有趋势但未达到显著"的形式来报告。

（六） 数据剔除

练习组的试次不纳入分析。在实验一的实验组中，我们剔除了以下试次：没有眼动（0.1%的试次），第一眼跳潜伏期快于 80 毫秒（3.5%的试次），第一眼跳潜伏期慢于 600 毫秒的试次（0.1%的试次），刺激出现后有眨眼（0.7%的试次），每个试次开始前漂移矫正超过 7 秒（3.2%的试次），刺激出现时眼睛没有盯在中央注视点 2 度范围内（8%的试次）。

二 实验结果

正性反馈缺失的试次比例 为了检验干扰物的价值对视觉搜索总体任务表现的影响及其随着实验时间发生的变化（见图 3.2A），我们对正性反馈缺失的试次比例进行了 3×6 的重复测量方差分析，以价值（奖励/惩罚/中性）和实验时间（1~6 组）为因素。结果发现，价值主效应显著 $[F_{(2, 34)} = 5.83, p = 0.017, \eta_p^2 = 0.26]$，实验时间的主效应以及价值与实验时间的交互不显著（$ps > 0.49$）。对价值的主效应进行事后比较分析发现，当奖赏干扰物（40.9±3.7%）和惩罚干扰物（35.7±2.1%）呈现时，相对于中性干扰物的呈现（28.4±1.2%），正性反馈缺失的试次比例显著更高 ｛奖赏 vs. 中性，$t_{(17)} = 3.27$，$p = 0.004$，Cohen's $d = 0.77$，$CI_{95\%} = [4.45\%, 20.58\%]$；惩罚 vs. 中性，$t_{(17)} = 3.28$，$p = 0.004$，Cohen's $d = 0.77$，$CI_{95\%} = [2.59\%, 11.97\%]$ ｝。

第一眼跳落在价值干扰物上的试次比例　如图 3.2B 所示，价值干扰物对眼动捕获的影响在实验过程中相对比较稳定。重复测量方差分析结果发现，价值的主效应显著 $[F(2, 34) = 4.75, p = 0.015, \eta_p^2 = 0.22]$，实验时间的主效应以及价值与实验时间的交互不显著（$ps > 0.17$）。对价值的主效应进行事后比较分析发现（见图 3.3A），当奖赏干扰物（21.7±4.2%）和惩罚干扰物（15.1±2.2%）呈现时，相对于中性干扰物的呈现（10.0±0.9%），第一眼跳落在价值干扰物上的试次比例显著更高或者有更高的趋势 ｛奖赏 vs. 中性，$t(17) = 2.88, p = 0.01$, Cohen's $d = 0.68$, $CI_{95\%} = [3.12\%, 20.23\%]$；惩罚 vs. 中性，$t(17) = 2.08$, $p = 0.053$, Cohen's $d = 0.49$, $CI_{95\%} = [-0.07\%, 10.03\%]$ ｝。

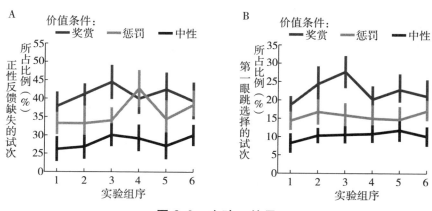

图 3.2　实验一结果

眼跳落在启动干扰物上的试次比例　为了分析启动对眼动捕获的影响，我们合并了三个价值条件并计算每个试次中的第一眼跳、所有眼跳以及非第一眼跳落在三种干扰物上的试次占总试次的比例。

我们对第一眼跳落在不同的干扰物（价值干扰物/启动干扰物/其他三个干扰物）上的试次比例进行了重复测量方差分析。结果发现，干扰物类型的主效应显著 $[F(2, 34) = 13.30, p = 0.002, \eta_p^2 = 0.44]$。然而事后比较分析发现，第一眼跳选择启动干扰物的比例（9.4±0.7%）大于第一眼跳选择其他三个干扰物的比例（8.7±0.6%），但未能达到显著。第一眼跳落在价值干扰物上的比例（15.48±1.76%）显著大于落在启动干扰物上的比例（9.36±0.71%）$\{$价值干扰物 vs. 启动干扰物，$t(17) = 3.50$, $p = 0.003$, Cohen's $d = 0.82$, $CI_{95\%} = [2.41\%, 9.83\%]\}$，提示着价值干扰物比启动干扰物在早期选择中具有更高的优先性。

为了探讨启动是否影响到不特异于第一眼跳的眼动选择，我们分析了每个试次所有眼跳的方向。通过合并三个价值条件，我们计算了任意一个眼跳落在价值干扰物、启动干扰物和其他三个干扰物上的试次比例，并进行了重复测量方差分析。结果发现，干扰物类型的主效应显著 $[F(2, 34) = 17.06, p < 0.001, \eta_p^2 = 0.50$；见图 3.3B]。事后比较分析发现，任意一个眼跳落在启动干扰物上的试次比例（10.6±0.9%）显著大于任意一个眼跳落在其他三个干扰物上的试次比例（9.3±0.6%）$\{$启动干扰物 vs. 其他三个干扰物，$t(17) = 2.97$, $p = 0.009$, Cohen's $d = 0.70$, $CI_{95\%} = [0.38\%, 2.26\%]$；价值干扰物 vs. 其他三个干扰物，$t(17) = 4.38$, $p < 0.001$, Cohen's $d = 1.03$, $CI_{95\%} = [4.05\%, 11.57\%]\}$。

为了进一步分析启动对相对晚期的注意选择的影响，我们只分析了每个试次中所有非第一眼跳的方向，并且计算非第一眼跳落在三种干扰物上的试次占总试次的比例（见图 3.3C）。非第一眼跳落在启动干扰物上的比例（1.22±0.39%）显著大于落在其他三个干扰物上的比例（0.52±0.28%）{启动干扰物 vs. 其他三个干扰物，t（17）= 2.84，p = 0.011，Cohen's d = 0.67，$CI_{95\%}$ = ［0.18%，1.21%］；价值干扰物 vs. 其他三个干扰物，t（17）= 2.44，p = 0.026，Cohen's d = 0.58，$CI_{95\%}$ = ［0.15%，1.99%］}，提示着启动干扰物在相对晚期的注意选择中具有选择偏向。

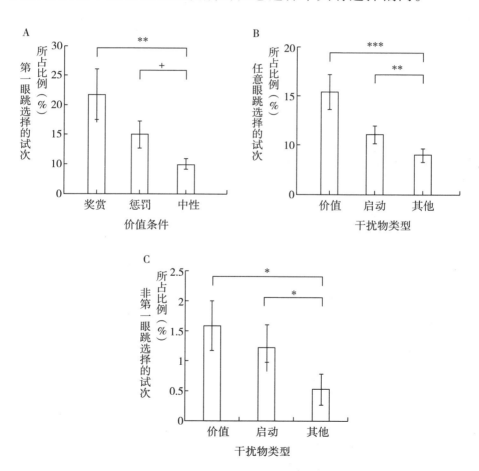

图 3.3　实验一关于价值和启动对眼跳选择的结果对比

注：** 代表 $p<0.01$，* 代表 $p<0.05$，+代表 $0.05<p<0.10$。

三　实验一讨论

实验一发现，一方面，一个提示着当前试次可能得到金钱奖赏或者金钱损失的价值干扰物导致了更多的第一眼跳被价值干扰物吸引，即使该干扰物并非物理显著也非任务相关。被试的总体任务表现也受到了奖赏和惩罚干扰物的影响，即当一个提示奖赏或者惩罚的干扰物出现时，被试眼跳到目标刺激的反应更慢或者更不准确。通过证明惩罚相关的眼动捕获，本实验重复并延伸了前人关于奖赏驱动的注意捕获的结果。另一方面，实验一虽然没有证据支持启动干扰物对第一眼跳的捕获，但是实验一结果发现启动干扰物在视觉搜索过程中吸引了更多的眼跳的选择。

实验一也有它的缺点。在实验一，每个试次结束的反馈促进了刺激与价值的联结，同时也提供了被试监控任务表现的机会。潜在的问题是，被试可能通过反馈得知他们在奖赏和惩罚条件下任务成绩更差（见图 3.2A），从而忽略奖赏和惩罚干扰物的动机更强。已有研究表明，忽略一个干扰物可以事与愿违地被需要忽略的干扰物捕获注意，这个现象被称为"白熊效应"（Beck et al.，2017；Moher & Egeth，2012；Tsal & Makovski，2006）。因此，实验一并不能排除我们对眼动捕获引入了奖赏缺失和金钱惩罚促使被试忽略干扰物，从而产生眼动捕获在价值条件的效应。在实验二，我们对眼跳到价值干扰物的试次既不再扣除奖赏也不再给予惩罚，以便排除被试主动忽略价值干扰物所带来的混淆。

第二节　奖赏、惩罚和启动三类选择历史对
早期和晚期外显注意的影响实验二

一　实验方法

（一）被试

18 名在校学生参与实验二（10 名女性被试；被试的平均年龄为 21.4 岁）。所有被试均对本实验目的不了解，均没有参加过实验一，右利手，视力或者矫正视力正常，颜色视觉正常，没有精神病史、心理或认知障碍。被试按照要求填写知情同意书。该研究得到了当地伦理委员会的批准。

（二）仪器与刺激

仪器与刺激与实验一完全相同。在实验二，呈现启动干扰物的试次（即四个非价值干扰物中的一个干扰物颜色与其前一个试次中目标的颜色相同的试次）占总试次数的 80.3%。

（三）实验设计与实验流程

与实验一完全相同，除了 1 个区别：在实验二中，每个试次的反馈完全取决于眼跳到目标是否又快又准；眼跳到价值干扰物不一定会导致奖赏缺失、分数丢失或者"慢"的反馈（见表 3.2）。

（四）数据分析

与实验一完全相同。

表 3.2　实验二在三种价值条件下的反馈类型，取决于眼跳到
目标是否又快又准。与实验一不同的是，注视到
价值干扰物并不是决定反馈类型的标准

价值条件	眼跳反应类型		
	又快又准	反应准确但慢	没有反应
奖赏	+10 分	+0 分	+0 分
惩罚	-0 分	-10 分	-10 分
中性	正确	慢	慢

（五）数据剔除

与实验一相同，练习组的试次不纳入分析。在实验二的实验组中，我们剔除了以下试次：没有眼动（0.1% 的试次），第一眼跳潜伏期快于 80 毫秒（2.6% 的试次），第一眼跳潜伏期慢于 600 毫秒的试次（0.5% 的试次），刺激出现后有眨眼（0.2% 的试次），每个试次开始前漂移矫正超过 7 秒（2.6% 的试次），刺激出现时眼睛没有盯在中央注视点 2 度范围内（4.6% 的试次）。

二　实验结果

正性反馈缺失的试次比例　为了检验干扰物的价值对视觉搜索总体任务表现的影响及其随着实验时间发生的变化（见图 3.4A），我们分析了正性反馈缺失的试次比例（即没有得到奖励、被倒扣分数，以及获得一个"慢"的反馈的试次比例）。我们对正性反馈缺失的试次比例进行了 3×6 的重复测量方差分析，以价值（奖励/惩罚/中性）和实验时间（1~6 组）为因素。结果没有发现显著的价值主效应、时间主效应或者是两者的交互作用（$ps>0.52$），实验时间的主效应以及价值与实验时间的交互不显著（$ps>0.49$）。

第一眼跳落在价值干扰物上的试次比例　与实验一相同，我们对三种价值干扰物条件下，第一眼跳落在价值干扰物上的试次比例进行分析（见图3.4B）。重复测量方差分析结果发现，价值的主效应显著 $[F (2，34) = 4.56，p = 0.018，\eta_p^2 = 0.21]$，实验时间的主效应显著 $[F (5，85) = 7.88，p < 0.001，\eta_p^2 = 0.32]$，价值和实验时间的交互边缘显著 $[F (5，85) = 7.88，p < 0.001，\eta_p^2 = 0.32]$。对价值的主效应进行事后比较分析发现（见图3.5A），当奖赏干扰物（18.2±3.3%）和惩罚干扰物（14.7±1.8%）呈现时，相比于中性干扰物的呈现（9.4±1.4%），第一眼跳落在价值干扰物上的试次比例显著更高或者有更高的趋势 $\{$奖赏 vs. 中性，$t (17) = 2.61，p = 0.018$，Cohen's $d = 0.62$，$\mathrm{CI}_{95\%} = [1.70\%，15.89\%]$；惩罚 vs. 中性，$t (17) = 2.53，p = 0.02$，Cohen's $d = 0.60$，$\mathrm{CI}_{95\%} = [0.88\%，9.61\%]\}$。

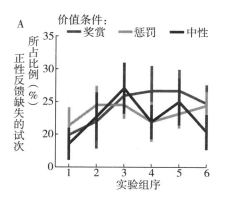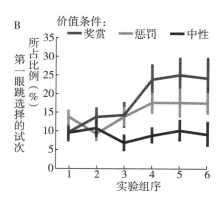

图3.4　实验二结果

眼跳落在启动干扰物上的试次比例　与实验一相同，为了分析启动对眼动捕获的影响，我们合并了三个价值条件并计算每个试次中的第一眼跳、所有眼跳以及非第一眼跳落在三种干扰物上的试次占总试次的比例。

我们对第一眼跳落在不同的干扰物（价值干扰物/启动干扰物/其他三个干扰物）上的试次比例进行了重复测量方差分析。结果发现，干扰物类型的主效应显著 $[F (2, 34) = 11.90,$ $p = 0.002,$ $\eta_p^2 = 0.41]$。与实验一不同，实验二对干扰物类型的主效应进行事后比较分析发现，第一眼跳选择启动干扰物的比例（9.8±0.8%）大于第一眼跳选择其他三个干扰物的比例（8.5±0.6%）$\{t (17) = 2.97,$ $p < .01,$ Cohen's $d = 0.70,$ $CI_{95\%} = [0.37\%, 2.19\%]\}$。与实验一相同的是，第一眼跳落在价值干扰物上的比例（14.07±1.58%）显著大于落在启动干扰物上的比例（9.78±0.75%）$\{$价值干扰物 vs. 启动干扰物，$t (17) = 2.93,$ $p = 0.009,$ Cohen's $d = 0.69,$ $CI_{95\%} = [1.20\%, 7.38\%]\}$，提示着价值干扰物比启动干扰物在早期选择中具有更高的优先性。

与实验一相同，为了探讨启动是否影响到不特异于第一眼跳的眼动选择，我们分析了每个试次所有眼跳的方向。通过合并三个价值条件，我们计算了任意一个眼跳落在价值干扰物、启动干扰物和其他三个干扰物上的试次比例，并进行了重复测量方差分析。结果发现，干扰物类型的主效应显著 $[F (2, 34) = 14.02,$ $p = 0.001,$ $\eta_p^2 = 0.45$；见图 3.5B]。事后比较分析发现，任意一个眼跳落在启动干扰物上的试次比例（11.0±0.9%）显著大于任意一个眼跳落在其他三个干扰物上的比例（8.9±0.7%）$\{$启动干扰物 vs. 其他三个干扰物，$t (17) = 4.94,$ $p < 0.001,$ Cohen's $d = 1.17,$ $CI_{95\%} = [1.19\%, 2.96\%]$；价值干扰物 vs. 其他三个干扰物，$t (17) = 4.39,$ $p < 0.001,$ Cohen's $d = 1.04,$ $CI_{95\%} = $

[3.37%，9.61%]｝。

与实验一相同，为了进一步分析启动对相对晚期的注意选择的影响，我们只分析了每个试次中所有非第一眼跳的方向，并且计算非第一眼跳落在三种干扰物上的试次占总试次的比例（见图3.5C）。非第一眼跳落在启动干扰物上的比例（1.22±0.44%）

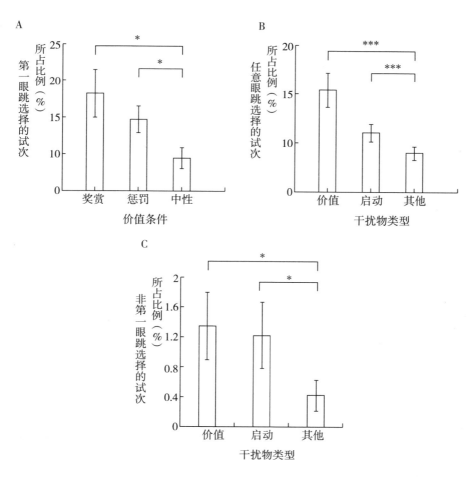

图3.5　实验二关于价值和启动对眼跳选择影响的结果对比

注：*** 代表 $p<0.001$，* 代表 $p<0.05$。

显著大于落在其他三个干扰物上的比例（0.42±0.20%）｛启动干扰物 vs. 其他三个干扰物，t（17）= 2.28，p = 0.036，Cohen's d = 0.54，$CI_{95\%}$ = [0.06%，1.54%]；价值干扰物 vs. 其他三个干扰物，t（17）= 2.61，p = 0.018，Cohen's d = 0.62，$CI_{95\%}$ = [0.18%，1.67%]｝，提示着启动干扰物在相对晚期的注意选择中具有选择偏向。

三　实验二讨论

实验二的结果与实验一的两个主要结果重复。第一个重复的结果是，被试的第一眼跳更多地指向了一个提示着奖赏或者惩罚的干扰物。重要的是，当我们去掉眼动捕获后奖赏缺失和惩罚的操作时，实验二的结果显示，三个价值条件下的正性反馈缺失的比例并没有差异。也就是说，被试从试次反馈中得知其任务表现的好坏，在三个价值条件间没有差别。因此，实验二的被试不太可能由监控任务表现（performance monitoring）而产生更强烈的忽略奖赏和惩罚干扰物的动机。在这种实验条件下，实验二依然发现了与实验一一致的结果：提示奖赏和惩罚价值的干扰物增加了眼动捕获。第二个重复的结果是，被试倾向于对启动干扰物有更多的眼动选择。而与实验一不同的是，实验二发现启动干扰物也捕获了更多的第一眼跳。

小　结

一　讨论

我们的研究同时操控了每一个试次中价值干扰物所提示的潜

在的金钱奖励和损失。我们的研究表明，一个仅仅提示着当前试次潜在的惩罚干扰物，可以和奖赏干扰物一样捕获第一眼跳的选择。这种奖赏和惩罚的价值驱动的眼动捕获，既可以在有眼动捕获相关的奖惩的实验条件下发生，也可以在没有眼动捕获相关的奖惩的实验条件下发生。另外，我们的研究表明，一个没有物理显著性的、颜色碰巧与前一个目标刺激的颜色相同的干扰物可以吸引更多的眼动选择。

当前的研究为近期关于价值和行为重要性影响早期注意选择的研究添加了证据（Anderson, et al., 2011a；Anderson et al., 2011b；Bucker & Theeuwes, 2016；Schmidt et al., 2016；Theeuwes & Belopolsky, 2012；Wang et al., 2013；Wentura, Müller, & Rothermund, 2014）。重要的是，区别于以往研究，当前研究并不要求被试去选择价值相关的干扰物，同时选择价值干扰物也不是被试完成任务的必要过程。另外，在这两个实验中，注意到价值干扰物是不被鼓励的，因为眼跳到目标不够快会导致奖赏缺失和倒扣分数。因此，当前研究发现的价值干扰物引起的眼动捕获不太可能是来源于一个主动注意的过程。另外，本研究使用的价值干扰物总是物理非显著的，因此眼动捕获也不太可能来源于价值和自下而上的物理显著性之间的交互。实验一还有一个潜在的混淆：被试主动忽略提示奖惩的干扰物的行为和动机，对当前研究观察到的奖惩相关的眼动捕获产生贡献。实验一中，我们给眼动捕获施加了一个奖赏缺失或者惩罚，该实验设计本意是从强化学习的角度撤除每一个眼动捕获行为所伴随的强化信号，从而试图避免强化被试眼跳到价值干扰物上（Failing et al., 2015；LePelley et al., 2015；McCoy & Theeuwes, 2016；Pearson et al.，2016）。然而，可能的反驳是反馈惩罚被试注意干扰物可能会增强被试忽略干扰物的动机，而已有研究表明，主动忽略干扰物会事与愿违地增加干扰物捕获注意（Beck et al.，2017；Moher & Egeth，2012；Tsal & Makovski，2006；但不同发现，见Cunningham & Egeth，2016）。因此，在实验二中，我们加入了去掉伴随眼动捕获而施加的奖赏缺失以及惩罚的实验操作，即实验二的奖惩给予与否完全取决于被试眼跳到目标的任务表现。我们发现，去掉伴随眼动捕获而施加的奖赏缺失以及惩罚的实验操作之后，被试对目标刺激的眼跳反应在三个价值条件下并没有差别。重要的是，因为三个价值条件下给予被试关于任务表现的反馈是相同的。因此，被试很难通过任务表现反馈（performance monitoring）形成一个选择性忽略奖惩干扰物的动机，这一设计的改变排除了选择性地忽略奖惩干扰物而给眼动捕获现象带来的混淆。而该实验条件改变后，实验二仍然发现与实验一一致的结果，即提示着奖惩价值的干扰物增加了第一眼跳的捕获，证明了该效应的稳定性。我们认为，当前研究观察到的刺激与惩罚的联结，很可能是通过巴甫洛夫条件作用产生的，即刺激与金钱损失和惩罚威胁的反复联结。因而，一个本身为价值中性的刺激的显著性提高了，进而有更多的眼动转移到该干扰物上。这个推论与最近关于奖赏捕获注意的行为机制研究相呼应。而从进化的角度看，个体学习奖励和惩罚的历史之所以能对注意选择产生明显的塑造作用，是因为个体能够习得和识别环境中对奖赏或者惩罚具有预测力的物体，会有利于个体在新的或者变化的环境中具有更强的生存能力。

另外，我们的研究表明，一个碰巧和上一个试次的目标颜色具有相同颜色的干扰物也能在视觉搜索的过程中吸引更多的眼跳选择。这个结果与最近的研究报道的任务无关特征可以发生试次间启动的结论一致（Kristjánsson，2006；Meeter & Van der Stigchel，2013；Michal，Lleras，& Beck，2014；Van der Stigchel & Meeter，2017）。然而，与任务相关的且具有物理显著性的特征所能产生的强大的启动相比（Maljkovic & Nakayama，1994，1996），本研究观察到的任务无关特征的启动对早期眼跳选择的影响并不是自动化的，任务无关的特征并不能稳定地捕获第一眼跳，这一结果与以往的任务相关启动比任务无关启动更强大的发现一致（Kristjánsson，2006）。总的来说，任务无关的特征可能并不能对早期的注意选择的优先性产生影响，但是任务无关的启动带来的选择历史可能以一种微弱的残留印迹对晚期的注意选择产生偏差。

二　结论

本研究同时对比了同样是物理非显著的任务无关的三类选择历史——奖赏、惩罚和启动——对眼动选择的影响。我们发现，与奖赏类似，一个任务无关的惩罚信号可以影响早期的眼动选择，具体表现为第一眼跳更多地选择了一个提示潜在惩罚的干扰物。而同样为任务无关的物理非显著的选择历史，试次间的启动并不像奖惩一样，可以稳定地捕获第一眼跳。我们发现，任务无关的特征启动只能在对相对晚期的整个视觉搜索过程中（相对于早期的第一眼跳的选择）引起偏差性的影响。我们的结论是，奖赏和惩罚这类选择历史会以一种独立于自下而上和自上而下的方式被注意系统优先性地选择。

第四章
奖赏和物理显著性的后部顶叶神经机制

引 言

抑制显著干扰物的神经机制是近年来的重要研究问题（Geng，2014）。人类的磁共振研究发现，当呈现一个物理显著的干扰物（Fockert et al.，2004；Kelley & Yantis，2010；Kincade et al.，2005；Nardo et al.，2011；Serences et al.，2005）或者预测奖赏的干扰物（Anderson et al.，2014；Wang et al.，2015）时，双侧的后部顶叶会被激活。但是，领域内关于后部顶叶在显著干扰物的活动中具体所扮演的角色尚有争议。关于电生理研究的证据也有争议。研究者一方面发现 LIP 的神经元编码物理显著刺激（Buschman & Miller，2007；Suzuki & Gottlieb，2013）或者价值显著性高（预测奖赏和惩罚）的刺激（Leathers & Olson，2013；Peck et al.，2009）的注意优先性；另一方面发现 LIP 神经元活动对应的是自上而下的活动抑制对显著性的加工，具体体现为猴子的行为反应受到显著干扰物干扰的程度与 LIP 神经元的反应强度呈反相关（Ipata，et al.，2006）。同样的，以往的经颅磁刺激研究关于左侧或者右侧后部顶叶在显著性加工中的作用也尚有争议。例如，一些研究发现，抑制后部顶叶增加了物理显著干扰物的干扰（Kanai et al., 2011; Mevorach et al., 2010; Mevorach et al., 2006）或者威胁性相关的非条件干扰物的干扰（Mulckhuyse, Engelmann, Schutter, & Roelofs, 2017），而另一些研究发现，抑制后部顶叶削弱了对显著目标的加工（Yan, et al., 2016）或者对显著干扰物（Hodsoll, Mevorach, & Humphreys, 2009）的加工。

在这一章的研究中，我们试图使用经颅磁刺激的手段，同时探讨顶叶在奖赏显著干扰物和物理显著干扰物的活动中所扮演的角色和所起到的作用。以往的 TMS 研究大多使用 EEG 坐标系统（10-20 electroencephalography coordinate system）中的 P3 和 P4 电极位置，但是根据 P3 和 P4 电极位置确定的刺激位置非常不准确。已有研究表明，根据顶内沟（IPS）划分的顶上小叶（SPL）和顶下小叶（IPL）具有截然不同的功能。因此，虽然研究者假定 P3 和 P4 电极对应的是后部顶叶 IPS 位置，而实际操作过程中很难确定干扰的脑区是上顶叶还是下顶叶。我们认为，前述 TMS 行为结果不一致的一个原因，可能是 EEG 系统刺激对功能细分的后部顶叶定位不准确。

在研究中，我们使用功能定位的方法，即采用磁共振扫描，定位出 24 名被试的顶叶对物理和奖赏显著干扰物的组平均激活脑区。然后，我们使用 TMS 分别短暂性抑制这 24 名被试的双侧顶叶（以 vertex 头顶位置作为刺激的对照脑区），最后测量被试在接受完 TMS 刺激后，完成视觉搜索任务的表现。

第一节 经颅磁刺激实验：方法部分

一 被试

24 名在校学生参与本实验（12 名女性被试；被试的平均年龄为 22.3 岁）。所有被试均没有参加过与本实验相似的实验，对本实验目的不了解。所有被试均为右利手，视力或者矫正视力正常，颜色视觉正常，没有精神病史、心理或认知障碍。被试按照要求填写知情同意书。该研究得到了北京大学认知与心理科学学院伦理及人体和动物保护委员会的批准。

二 仪器与刺激

在行为实验和经颅磁刺激实验中，被试坐在灯光昏暗的测试间里，下巴以头托支撑。实验刺激呈现在一个 21 英寸（1 英寸≈2.54 厘米）的 Dell LCD 显示器上，显示器屏幕分辨率为 1600×900，刷新率为 60Hz，视距为 75 厘米。实验前使用 Spyder 5 Elite 矫正 LCD 显示器（Gamma = 2.2；白点色温 = 6500K；最大亮度 = 70 坎德拉/平方米）。行为实验采用桌面式眼动仪（Eyelink 1000 Plus desktop mount；SR Research Ltd., Canada），记录和监控被试的眼睛注视位置。经颅磁刺激实验使用 Magstim Super Rapid² 刺激仪（Magstim Company，UK）和白色的八字线圈。

在功能磁共振实验中，MRI 数据的采集使用场强为 3T 的 GE MR750 磁共振仪和八通道线圈。实验刺激通过平面镜片反射，把投影仪投影到幕布（25cm×19cm）上的实验刺激呈现给被试。屏幕分辨率为1024×768，刷新率为60Hz，被试在磁共振腔体内的视距为90厘米。磁共振实验采用MRI环境兼容的长距离式眼动仪（Eyelink 1000 Plus long range mount；SR Research Ltd.，Canada）记录和监控被试的眼睛注视位置。

实验刺激由MATLAB（the MathWorks，Natick，MA）环境下运行的Psychtoolbox-3.0工具包（Brainard，1997；Pelli，1997）生成。实验呈现的搜索刺激，是一个在黑屏幕背景上的、围绕在中央注视圆点周围的圆环图形（直径1.9度视角），圆环图形距离中央注视点4.5度视角。搜索刺激屏为五个红色的圆形和一个灰白色的圆形，分别出现在1点钟、3点钟、5点钟、7点钟、9点钟和11点钟的位置。在有干扰物的试次中，还会伴随出现一个颜色显著（绿色/蓝色/黄色）的干扰圆形。目标圆形会随机出现在1点钟、5点钟、7点钟和11点的其中一个位置，颜色显著地干扰圆形随机出现2点钟、4点钟、8点钟和10点的其中一个位置。每个圆形内都有一条线段（直径为1度视角），目标圆形内的线段为上段偏左或者偏右的斜线段，非目标圆形内的线段为水平或者竖直的线段，线段的方向在试次间随机。搜索刺激屏出现前为掩蔽刺激屏，由六个灰白色的圆形和灰白色的米字图形组成，掩蔽刺激圆形的位置和目标刺激出现的六个可能的位置相同，即1点钟、3点钟、5点钟、7点钟、9点钟和11点钟的位置。核磁实验中，干扰物出现在距离目标物的顺时针或者逆时针90度的位置。在行为实验中，在2/3的试次里，干扰物出现在距离目标物的顺时针或者逆时针90度的位置，在另外1/3的试次里，干扰物出现在距离目标物的顺时针或者逆时针120度的位置。

三　实验设计

本实验使用的眼动捕获范式（oculomotor capture paradigm；Irwin，et al.，2000；Theeuwes，et al.，1998；Theeuwes，et al.，1999）的变式作为实验任务的范式。实验包括 2 个任务，分别是出现物理显著干扰物的视觉搜索（简称物理显著任务）和出现奖赏显著干扰物的视觉搜索（简称奖赏显著任务）。每个任务采用单因素两水平被试内设计，实验的因素为干扰物类型。具体来说，奖赏显著任务（见图 4.1A）的两个条件分别为高奖赏干扰物和低奖赏干扰物。在奖赏显著任务中，每个试次都会出现一个黄色或者蓝色的干扰物，其中一个颜色预示着该试次可以获取高奖励，另外一个颜色预示着该试次可以获取低奖励。物理显著任务（见图 4.1B）的两个条件分别为有突

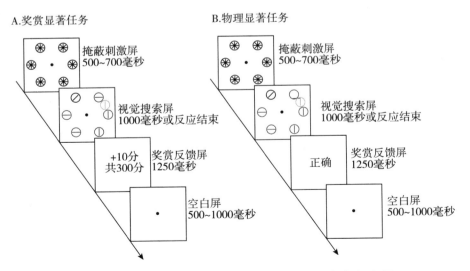

图 4.1　行为前测实验和经颅磁刺激实验的试次流程

现干扰物和没有突现干扰物。在物理显著任务中，有一半的试次会在搜索屏出现一个绿色的干扰物，另一半试次不会出现干扰物。

实验中的颜色和奖赏的联结对应关系在被试间平衡。即，在奖赏显著任务中，对于一半被试来说，黄色和蓝色干扰物分别预示着在当前的试次里有机会获得高奖赏和低奖赏；而对于另一半被试来说，颜色-奖励的对应关系相反。两种任务以组块的形式呈现，任务的先后顺序也在被试间平衡。即，一半被试先完成若干组的物理显著任务，再完成若干组的奖赏显著任务；而另一半被试先完成奖赏显著任务，再完成物理显著任务。对于同一个被试，任务的顺序在所有实验（行为练习、磁共振和经颅磁刺激实验）中保持一致。经颅磁刺激的刺激位置为左侧上顶叶、右侧上顶叶和作为对照的头顶位置（vertex）。三个刺激位置的顺序，以拉丁方设计在被试间平衡，具体即 1/3 的被试第一天刺激左侧后部顶叶，第二天刺激右侧后部顶叶，第三天刺激 vertex；1/3 的被试第一天刺激右侧后部顶叶，第二天刺激 vertex，第三天刺激左侧后部顶叶；剩下的 1/3 的被试第一天刺激 vertex，第二天刺激左侧后部顶叶，第三天刺激右侧后部顶叶。总的来说，奖赏颜色联结、实验任务顺序和 TMS 刺激位置顺序的组合，在24 个被试间完全平衡。

四　实验流程

每个被试需要分五天完成实验（见图 4.2）。第一天为实验任务的前测，第二天为磁共振实验，第三天到第五天为经颅磁刺激实验。相邻的两次经颅磁刺激实验中间至少间隔一天。

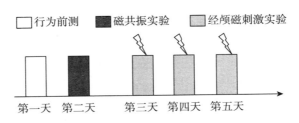

图 4.2　被试完成五天实验的总体流程

行为前测　被试在行为测试间里完成四组行为实验。其中两组与磁共振实验的流程完全一样（其中一组为物理显著任务，另外一组为奖赏显著任务），每组 54 个试次。另外两组与磁共振实验的流程完全一样（其中一组为物理显著任务，另外一组为奖赏显著任务），每组 72 个试次。实验全程采用眼动仪监控被试的眼睛注视位置。在正式的行为前测实验开始之前，被试先练习 10~20 个试次，达到 80% 的正确率后，被试开始正式前测实验。

实验每个试次的流程如图 4.1A 和图 4.1B 所示（示意图中的黑白与实际刺激相反，即示意图中的白和黑，在实际刺激中分别为黑和白）。首先，每个试次开始时，给被试呈现围绕在中央注视点周围的六个白色圆形和米字，时间在 500 毫秒到 700 毫秒之间随机。然后，给被试呈现 1000 毫秒的视觉搜索屏刺激，或者搜索屏刺激在被试按键时消失。被试的任务是寻找没有变红的灰白色圆形，并且判断目标圆形里的线段朝向（上端偏左/上端偏右）。被试需要在保证正确的基础上，（用右手）尽快地做出按键反应。搜索屏刺激消失后，屏幕上给被试呈现一个 1250 毫秒的评价按键表现的反馈。最后，试次以一个呈现灰白色中央注视圆点的空白屏结束，时间在 500 毫秒到 1000 毫秒之间随机。另外，被试在视觉搜索时，需要保持眼睛盯在中央注视点。在四组的行为前测实验中，平均正确率高于 80% 且眼动控制良好的被试，进入后续的磁共振实验和经颅磁刺激实验。

在奖赏组的正式实验里，被试需要做出正确且快速的按键反应才能得到分数。在高分试次里，又快又准的反应可以让被试得到 10 分，在低分试次里又快又准的反应只能让被试得到 1 分。在非正式实验组里，被试的按键只需要快于 0.85 秒，按键则为快速；而在正式的实验组里，被试的按键速度需要快于前一组实验 75% 分位数的反应时，才算是一个快速的按键。当按键正确且快速时，在奖赏显著任务中会给被试反馈"+10 分"或者"+1 分"。当按键正确但是慢于规定时间时，在物理显著任务中会给被试反馈"慢"，在奖赏显著任务中会给被试反馈"+0分（慢）"。当按键错误时，在物理显著任务中会给被试反馈"错误"，在奖赏显著任务中会给被试反馈"+0 分（错）"。在反馈中设立按键速度要求的标准，是为了促进被试快速反应并忽略干扰物。我们设置这样的奖金反馈的逻辑是：如果奖赏干扰物对注意的干扰会带来奖金上的损失，那么奖赏条件间的效应为注意捕获过程，而不是被试主动的注意加工过程；相反，如果无论按键快慢，被试每次正确按键都可以带来奖励，那么条件间的效应可能还会来自被试主动的注意加工过程（有充足的时间先主动看奖赏干扰物，以便提前得知该试次的奖励高低）。

在物理显著任务中，我们也设置了类似的反应时标准，目的是尽可能让两类任务的流程保持一致。具体的，在物理显著任务中，当被试的按键为正确且快速时，屏幕呈现一个"正确"的反馈。当按键是正确但是慢于规定时间时，屏幕呈现一个"慢"的反馈。当按键错误时，在物理显著任务中会给被试反馈"错误"。与奖赏显著任务相同，快速按键的标准在非正式实验组为0.85秒，在正式的实验组里，该被试的按键速度需快于前一组实验75%分位数的反应时。

磁共振实验　被试在磁共振扫描仪内完成三组的物理显著任务和三组的奖赏显著任务，每组54个试次。每个任务下每个条件（高干扰/低干扰）分别有81个试次。除了眼动仪无法校准的情况，工作人员全程对躺在磁共振扫描仪内的被试进行眼睛注视位置的监控。除了以下变化，试次流程和任务要求与行为前测相同：（1）视觉搜索屏刺激的呈现时间固定为400毫秒，紧跟1000毫秒的空屏等待按键；（2）试次间的空屏呈现时间为550毫秒/650毫秒/2550毫秒/2650毫秒/4550毫秒/4650毫秒；（3）掩蔽刺激的呈现时间为350毫秒/450毫秒。

经颅磁刺激实验　在经颅磁刺激测试间里，每次接受TMS刺激前，被试完成两组行为实验，每组10个试次，没有呈现奖励加分的反馈。练习的正确率达到80%后，练习结束，给被试在预先确定的TMS刺激位置（左侧后部顶叶/右侧后部顶叶/vertex）施加40秒的磁刺激。TMS刺激结束后，被试完成六组行为实验，第1组和第4组为短的练习组（每组10个试次），用于确定被试在正式实验组上的按键为"快速"的反应时标准。第2组、第3组、第5组和第6组为长的正式实验组（每组72个试次），其中物理显著任务和奖赏显著任务各为两组。每个任务下每个条件（高干扰/低干扰）分别有72个试次。TMS刺激后，行为实验时间持续 20 分钟左右。实验全程采用眼动仪监控被试的眼睛注视位置。经颅磁刺激实验中的试次流程和任务要求，与第一天的行为前测实验相同。

五　数据采集

磁共振实验数据采集　实验先采集被试的高分辨率的 3D 结构像（3D MPRAGE；分辨率为 1×1×1 立方毫米，结构像包括 192 层的矢状面扫描切片），匀场后再采集功能 MRI 图像，数据为血氧水平依赖（blood oxygenation-level dependent，BOLD）的信号。功能 MRI 图像的采集使用 T2*-weighted echo-planar images（EPI）序列，重复时间（repetition time，TR）为 2000 毫秒，回波时间（time to echo，TE）为 30 毫秒，翻转角（flip angle）为 90 度。每幅功能像包含 33 层横断面扫描，层间每层矩阵为 64×64，视野范围为 224mm×224mm，层厚为 3.5 毫米，层距离为 0.7 毫米，平面分辨率为 3.5mm×3.5mm。

经颅磁刺激数据采集　实验采用标准的连续 theta-burst 刺激协议（continuous theta-burst stimulation，cTBS protocol）。该协议为持续 40 秒的 600 个脉冲，每间隔 200 毫秒以 50Hz 的频率发出 3 个脉冲。刺激的强度为刺激仪最大输出的 50%。根据以往文献研究，该刺激协议可以对大脑皮层兴奋性抑制长达 60 分钟（Huang, Edwards, Rounis, Bhatia, & Rothwell, 2005）。刺激位置根据功能磁共振实验的顶叶激活定位得到（见数据分析部分）。刺激时手柄方向指向朝后，向外侧偏离约为 45 度的方向。刺激全程采用 Visor2 neuro-navigation 导航系统监控线圈的位置。

六　数据分析

行为数据分析　数据统计使用 SPSS 18.0.0 （SPSS Inc. Chicago）和 JASP 0.8.6 （University of Amsterdam，JASP Team）。对于被试的按键行为反应，我们分析了两个任务（物理显著任务/奖赏显著任务）及两个条件下（高干扰/低干扰）的正确率和正确试次的平均反应时。错误率的计算方式为，每个条件下错误和未反应试次数之和除以该条件下的试次总数。统计分析使用重复测量方差分析进行多水平的比较，效应量报告采用 η_p^2；主效应显著后做事后检验分析，交互显著后做简单效应分析，其中多重比较均使用 Bonferroni 矫正，效应量报告采用 Cohen's d 以及条件间差异的 95% 置信区间。区别于其他研究，本研究的事后检验和简单效应检验使用了更严格的 Bonferroni 矫正三个水平的多重比较，原因是该研究目前只有一个实验，我们尚无重复性的实验再次验证，因此，与本书中的其他研究不同，本研究在本来可以选择最小显著差（LSD）来对三组条件做事后比较检验的情况下（Seaman，Levin，& Serlin，1991）使用 Bonferroni 矫正。统计显著性以 $\alpha =$ 0.05 为标准。少量统计检验的 p 值处于 0.05 和 0.1 之间，可能因为统计效力不足而不显著。但是，考虑到可能对我们以后的研究提供重复的基础，我们还是以"边缘显著"或者"数值上有趋势但未达到显著"的形式来报告。

眼动数据分析　眼动数据分析使用 Eyelink Data Viewer 和 MATLAB。眼动记录的目的是监控被试是否盯住中央注视点进行视觉搜索，以确保被试进行视觉搜索任务时采用的是内隐注意。因此，对被试在刺激呈现后的眼睛注视位置采样点进行分析。行为实验和 TMS 实验中采集的眼动数据，分析的时间窗口从目标搜索屏刺激呈现开始，到被试按键、搜索屏刺激消失结束。磁共振实验中采集的眼动数据，分析的时间窗口从目标搜索屏刺激呈现开始，到搜索屏刺激消失结束。每个试次计算出一个平均的注视位置（注视位置的横纵坐标），然后以目标搜索屏刺激出现前 100 毫秒的平均注视位置进行正则化处理。分析剔除了在时间窗口内有眨眼的试次。

功能磁共振数据分析　采用 BrainVoyager QX（Brain Inovations）对数据进行处理。

第一步是对结构像进行预处理，具体包括：对结构像白质进行异质性矫正和灰白质分割，将得到的结构像从原始空间转换到 AC-PC 空间再到 Talairach 标准空间，以及 3D 皮层重建。

第二步是对功能像进行预处理。首先，删除了每组功能像数据的前 6 个 TR 图像（呈现注视点）。然后，针对单幅功能像的各个扫描切片之间的时间差异，预处理对图像进行扫描切片的时间矫正；针对每幅功能像之间因为头动对图像产生的伪迹，预处理对功能像进行了三维头动矫正；针对功能图像信号随着时间漂移，预处理对功能像进行了时域高通滤波（3 cycles）；预处理以 5 毫米为半高宽（full-width half maximum，FWHM）的高斯核（Gaussian Kernel），对功能像进行了空间平滑。最后，把每个被试预处理后得到的功能像，对齐到经过异质性矫正的结构像（原始空间）上，再把功能像从原始空间转换到 Talairach 标准空间。

第三步是对物理显著和奖赏显著两个任务，建立两个一般线性模型（general linear model，GLM）。对于物理显著任务，我们定义了 7 个实验相关的事件类型：（1）有显著干扰物出现的视觉搜索屏刺激；（2） 没有显著干扰物出现的视觉搜索屏刺激；
（3） 反馈为"正确"的反馈屏刺激；（4） 反馈为"慢"的反馈
屏刺激；（5） 反馈为"错误"的反馈屏刺激；（6） 第一个试次
的 mask 屏；（7） 最后一个试次的反馈屏。这些事件类型锁定在
刺激出现屏，持续时间为 0ms。对于奖赏显著任务，类似的，我
们定义了七个实验相关的事件类型：（1） 高奖赏干扰物出现的
视觉搜索屏刺激；（2） 低奖赏干扰物出现的视觉搜索屏刺激；
（3） 反馈为"+10 分"的反馈屏刺激；（4） 反馈为"+1 分"
的反馈屏刺激；（5） 反馈为"+0 分"的反馈屏刺激；（6） 第一
个试次的 mask 屏；（7） 最后一个试次的反馈屏。接着，我们将
两个任务下的七个实验相关的事件类型分别与经典的血氧动力学
函数 （haemodynamic response function，HRF） 进行卷积，得到
七个回归变量。同时，为了消除头动对信号变化的影响，与实验
设计无关的六个头动矫正参数 （x、y、z 方向上的平动和 pitch、
roll、yaw 方向上的转动） 也作为回归变量，加入模型中。模型
先分别对每个被试算出七个实验相关的事件各自的回归系数；然
后使用 BrainVoyager 的随机效应一般线性模型 （RFX GLM），计
算组水平的随机效应 （random effect）。最后，我们对两个任务
分别定义了差异对比 （contrast）：（1） 在物理显著的任务下，对
比搜索屏刺激呈现物理显著的干扰物条件大于搜索屏刺激不呈现
物理显著的干扰物条件，即 "出现物理显著干扰物>没有出现显
著干扰物"；（2） 在奖赏显著的任务下，对比搜索屏刺激呈现高
奖赏干扰物的条件大于搜索屏刺激呈现低奖赏干扰物的条件，即
"高奖赏>低奖赏"。对比得到的全脑激活图，分别反映了物理显
著和奖赏显著干扰物的注意捕获等过程。

我们使用 BrainVoyager 的 cluster 矫正模块来决定全脑分析中的激活阈限，以推荐的 6.81 毫米和 7.41 毫米为半高宽（FWHM）分别对物理显著任务和奖赏显著任务的全脑激活图进行平滑处理。激活阈限设置为体素水平 $p < 0.001$ 不矫正，群水平 $p < 0.05$ 使用蒙特卡洛算法进行矫正。

第四步是获取单个被试的接受经颅磁刺激的目标脑区。基于第三步得到的两个任务下的全脑激活图，我们计算两个任务下激活都大于所设阈限的全脑 t 值图。接着，我们找到在左右侧后部顶叶在两个任务下共同激活区域中两个任务平均激活的强度最高的坐标。最后，把这两个位于顶叶的 Talairach 坐标点，转换得到单个被试在原始空间的结构像上的坐标点。图 4.3 为代表性被试 TMS 刺激的目标脑区示意图。

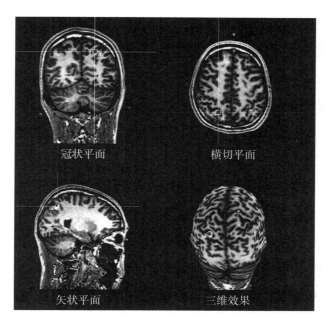

图 4.3　TMS 线圈摆放位置的示意图

第二节 经颅磁刺激实验：结果部分

一 行为前测和眼动结果

在行为前测中，被试的总体正确率在物理显著和奖赏显著任务下分别为 $93.6\pm0.8\%$ 和 $90.3\pm1.2\%$，正确率水平较高说明被试可以良好地完成任务。配对 t 检验结果显示，在物理显著任务下，物理显著干扰物出现的条件（RT：525.6 ± 8.8ms；ACC：$91.6\pm1.2\%$）相对于没有干扰物的条件（RT：502.7 ± 8.7ms；ACC：$95.7\pm0.5\%$），反应时更长，正确率更低 {RT：$t(23)=8.18$，$p<0.001$，Cohen's $d=1.67$，$CI_{95\%}=[17.14$ms，28.74ms$]$；ACC：$t(23)=4.07$，$p<0.001$，Cohen's $d=0.83$，$CI_{95\%}=[1.99\%$，$6.10\%]$；见图 4.4A}。类似的，在奖赏显著任务下，预测高奖赏的干扰物出现的条件（RT：523.4 ± 11.4ms；ACC：$89.1\pm1.5\%$）相对于预测低奖赏的干扰物出现的条件（RT：510.7 ± 11.0ms；ACC：$91.5\pm1.2\%$），反应时更长，正确率更低 {RT：$t(23)=3.79$，$p<0.001$，Cohen's $d=0.77$，$CI_{95\%}=[5.77$ms，19.61ms$]$；ACC：$t(23)=2.43$，$p=0.023$，Cohen's $d=0.92$，$CI_{95\%}=[2.29\%$，$6.15\%]$；见图 4.4B}。

在视觉搜索屏，直到被试按键搜索刺激消失，99%以上的试次的眼睛注视采样点的横纵坐标位置都落在离中央注视点 1 度的范围内，说明被试在完成任务时能用内隐注意完成任务，不需要发生眼动（见图 4.4C）。

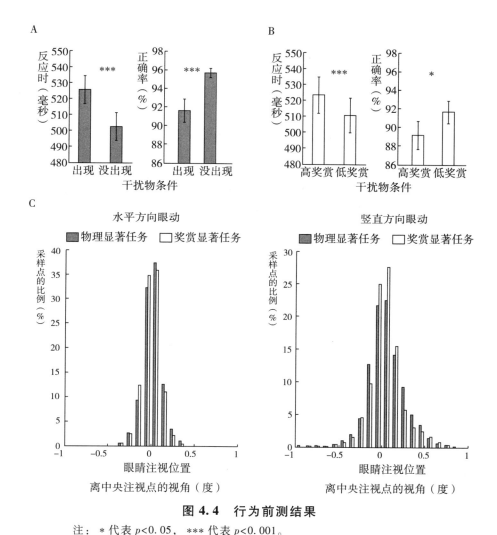

图 4.4　行为前测结果

注：* 代表 $p<0.05$，*** 代表 $p<0.001$。

二　磁共振测试行为结果及眼动结果

在磁共振实验中，被试的总体正确率在物理显著和奖赏显著任务下分别为 $90.2\pm1.2\%$ 和 $86.5\pm1.6\%$，正确率水平较高说明被试在磁共振扫描仪器内可以良好地完成任务。配对 t 检验结果显示，在物理显著任务下，物理显著干扰物出现的条件（RT：485.8±6.7ms；ACC：88.1±1.4%）相对于没有干扰物的条件（RT：469.6±6.1ms；ACC：92.3±1.2%），反应时更长，正确率更低｛RT：t（23）= 5.69，$p<0.001$，Cohen's $d=1.16$，$CI_{95\%}$ = ［10.32ms，22.11ms］；ACC：t（23）= 4.52，$p<0.001$，Cohen's $d=0.92$，$CI_{95\%}$ =［2.29%，6.15%］；见图 4.5A｝。类似的，在奖赏显著任务下，预测高奖赏的干扰物出现的条件（RT：483.5±8.7ms；ACC：83.4±1.7%）相对于预测低奖赏的干扰物出现的条件（RT：472.0±8.4ms；ACC：89.7±1.6%），反应时更长，正确率更低｛RT：t（23）= 5.29，$p<0.001$，Cohen's $d=$ 1.08，$CI_{95\%}$ =［6.96ms，15.91ms］；ACC：t（23）= 5.68，$p<$ 0.001，Cohen's $d=1.16$，$CI_{95\%}$ =［3.96%，8.49%］；见图 4.5B｝。

在视觉搜索屏，97%以上的试次的眼睛注视采样点的横纵坐标位置，都落在离中央注视点 1 度的范围内，说明被试在完成任务时能用内隐注意完成任务，不需要发生眼动（见图 4.5C）。

三　磁共振测试成像结果

根据两个任务下全脑激活在组水平的差异对比"出现物理显著干扰物>没有出现显著干扰物"和"高奖赏>低奖赏"分析，我们发现，额顶注意网络中的双侧后部顶叶对物理显著干扰物和奖赏显著干扰物的出现有显著的刺激。另外，背侧前扣带回（dorsal anterior cingulate cortex，dACC）或者右侧额中回（medial frontal cortex，MFC）也对物理显著干扰物和奖赏显著干扰物的出现有显著的刺激（见图 3.6A）。

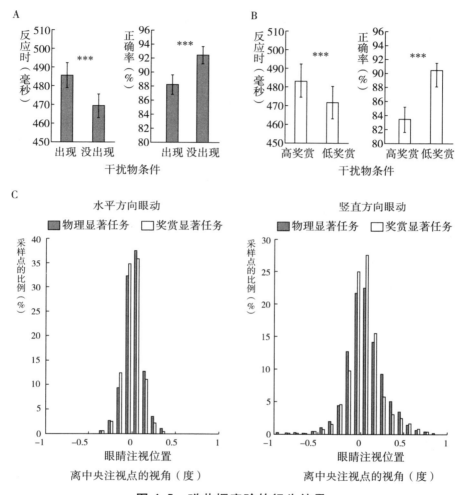

图 4.5　磁共振实验的行为结果

注：*** 代表 *p*<0.001。

四　经颅磁刺激行为结果及眼动结果

刺激左侧后部顶叶、右侧后部顶叶和 vertex 位置的三次 TMS 实验，被试的总体正确率分别是 93.7±1.1%、94.2±1.1%和 95.4±

0.9%，正确率水平较高说明被试在刺激完 TMS 以后可以良好地完成任务。TMS 刺激左侧后部顶叶、右侧后部顶叶和 vertex 位置后，在物理显著和奖赏显著任务下的正确率和反应时如表 4.1 所示。

表 4.1　TMS 刺激三个脑区位置的条件下，被试完成物理显著和奖赏显著两个任务的正确率及反应时的平均值和被试间的标准误

		正确率（%）			反应时（毫秒）		
		左侧后部顶叶	右侧后部顶叶	vertex	左侧后部顶叶	右侧后部顶叶	vertex
物理显著任务	有干扰	92.5 (1.1)	93.1 (1.2)	95.1 (1.0)	480.2 (8.9)	483.0 (8.9)	482.2 (8.3)
	没有干扰	94.9 (1.1)	95.2 (1.2)	95.7 (0.9)	462.4 (7.9)	471.2 (8.3)	468.4 (7.8)
奖赏显著任务	高奖赏	90.0 (1.1)	88.0 (1.5)	88.5 (1.4)	469.1 (9.9)	470.8 (9.4)	469.7 (9.3)
	低奖赏	92.7 (1.1)	93.3 (1.1)	93.9 (0.9)	455.9 (8.7)	461.2 (9.4)	456.8 (8.3)

为了检验 TMS 刺激对注意捕获的调节作用，我们对正确率、反应时以及计算的反效率指标进行重复测量方差分析，以干扰物类型和 TMS 刺激的位置为被试内因素。重要的是，本研究的主要考察对象是注意捕获，其操作定义是高显著性干扰试次和低显著性干扰试次之间的反应差别。因此，我们还专门计算了反映注意捕获效应的指标来检验 TMS 对注意捕获效应的调节。

（一）TMS 刺激与物理显著干扰（正确率）

首先，我们对物理显著任务下的正确率进行了 2×3 的重复测量方差分析，以物理显著干扰物（有/无）和 TMS 刺激的位置（左侧后部顶叶/右侧后部顶叶/vertex）为因素。结果发现，有无

物理显著干扰物的主效应显著 $[F(1, 23) = 28.84, p < 0.001,$
$\eta^2 = 0.56]$，有无干扰物和 TMS 刺激的位置交互边缘显著 $[F(2,$
$46) = 3.07, p = 0.056, \eta^2 = 0.12]$。因为交互作用边缘显著，我
们对正确率做了简单主效应分析，分别在有无物理显著干扰物这
两种条件下比较 TMS 刺激位置的作用。简单主效应分析结果显
示，在有物理显著干扰物出现的条件下，TMS 刺激位置的主效应
显著 $[F(2, 46) = 3.29, p = 0.046, \eta^2 = 0.13]$。对简单主效应
做事后比较分析（经过 Bonferroni 矫正）发现，TMS 刺激左侧后部
顶叶（相对于刺激 vertex）使有物理显著干扰物条件下正确率更低
$\{$左侧后部顶叶 vs. vertex，$t(23) = 2.77, p = 0.031,$ Cohen's $d =$
0.57，CI $95\% = [0.66\%, 4.55\%]$；右侧后部顶叶 vs. vertex 以及
左侧后部顶叶 vs. 右侧后部顶叶，$ps > 0.31\}$。而在无物理显著干
扰物出现的条件下，TMS 刺激位置的主效应不显著（$p = 0.74$）。

进一步，因为方差分析中交互作用边缘显著，我们用无显著
干扰物条件下的正确率减去有显著干扰物条件下的正确率得到正
确率指标的注意捕获效应［见公式（4.1）］。计算注意捕获效
应指标，是为了直接探讨 TMS 刺激位置对刺激驱动的注意捕获
的影响。对正确率的注意捕获效应做单因素重复测量方差分析，
结果发现，TMS 刺激位置的主效应边缘显著 $[F(2, 46) =$
$3.07, p = 0.056, \eta^2 = 0.12]$。事后比较分析（经过 Bonferroni 矫
正）发现，刺激左侧后部顶叶和右侧后部顶叶相对于刺激 vertex
没有显著差异［左侧后部顶叶 vs. vertex，$p = 0.18$；右侧后部顶叶
vs. vertex，$p = 0.15$；左侧后部顶叶 vs. 右侧后部顶叶，$p = 1.0$］。

$$正确率指标的注意捕获效应 = 正确率(无干扰或低奖赏) -$$
$$正确率(有干扰或高奖赏) \qquad (4.1)$$

（二） TMS 刺激与奖赏显著干扰 （正确率）

同样的，我们对奖赏显著任务下的正确率进行了 2×3 的重复测量方差分析，以奖赏显著干扰物的奖赏水平（高/低）和 TMS 刺激的位置（左侧后部顶叶/右侧后部顶叶/vertex）为因素。结果发现，奖赏的主效应显著 $[F (1, 23) = 43.0, p < 0.001, \eta^2 = 0.65]$，奖赏和 TMS 刺激的位置交互显著 $[F (2, 46) = 3.35, p = 0.044, \eta^2 = 0.13]$。因为交互作用显著，我们对正确率做了简单主效应分析，分别在高低奖赏这两种条件下比较 TMS 刺激位置的作用。简单主效应分析结果显示，在高奖赏和低奖赏条件下，TMS 刺激位置的主效应都不显著（高奖赏 $p = 0.31$，低奖赏 $p = 0.55$）。

因为方差分析中的交互作用显著，我们用低奖赏条件下的正确率减去高奖赏条件下的正确率得到在正确率指标上的注意捕获效应 ［见公式 （4.1）］。计算注意捕获效应指标，是为了直接探讨 TMS 刺激位置对奖赏驱动的注意捕获的影响。对正确率的注意捕获效应做单因素重复测量方差分析，结果发现，TMS 刺激位置的主效应显著 $[F (2, 46) = 3.35, p = 0.044, \eta^2 = 0.13]$。事后比较分析（经过 Bonferroni 矫正）发现，刺激左侧后部顶叶或者右侧后部顶叶（相对于刺激 vertex）没有显著改变奖赏驱动注意捕获在正确率指标上的效应 ｛左侧后部顶叶 vs. vertex，$p = 0.14$；右侧后部顶叶 vs. vertex，$p = 1.0$；左侧后部顶叶 vs. 右侧后部顶叶，$t (23) = 2.7$，$p = 0.043$，Cohen's $d = 0.54$，$CI_{95\%} = [0.60\text{ms}, 4.84\text{ms}]$ ｝。

（三） TMS 刺激与物理显著干扰 （反应时）

我们对物理显著任务下的反应时进行了 2×3 的重复测量方差分析，以物理显著干扰（有/无）和 TMS 刺激的位置（左侧后部顶叶/右侧后部顶叶/vertex）为因素。结果发现，有无物理显著干

扰物的主效应显著 $[F(1, 23) = 54.3,\ p < 0.001,\ \eta^2 = 0.70]$，有无干扰物和 TMS 刺激的位置交互边缘显著 $[F(2, 46) = 2.83,\ p = 0.07,\ \eta^2 = 0.11]$。因为交互作用边缘显著，我们对反应时做了简单主效应分析，分别在有无干扰物这两种条件下比较 TMS 刺激位置的作用。简单主效应分析结果显示，在有无干扰物两种条件下，TMS 刺激位置的主效应都不显著（$ps = 0.88,\ 0.55$）。

进一步，由于交互边缘显著，我们用有显著干扰物条件下的反应时减去无显著干扰物条件下的反应时计算得到在反应时指标的注意捕获效应［见公式（4.2）］。计算注意捕获效应指标，是为了直接探讨 TMS 刺激位置对刺激驱动的注意捕获的影响。对反应时指标做单因素重复测量方差分析，结果发现，TMS 刺激位置主效应边缘显著 $[F(2, 46) = 2.83,\ p = 0.07,\ \eta^2 = 0.11]$。事后比较分析（经过 Bonferroni 矫正）发现，刺激左侧后部顶叶和右侧后部顶叶（相对于刺激 vertex）对刺激驱动的注意捕获在反应时上的效应没有显著的影响｛左侧后部顶叶 vs. vertex，$p = 0.47$；右侧后部顶叶 vs. vertex，$p = 1.0$；左侧后部顶叶 vs. 右侧后部顶叶，$p = 0.079$｝。

$$反应时指标的注意捕获效应 = 反应时(有干扰或高奖赏) -$$
$$反应时(无干扰或低奖赏) \qquad (4.2)$$

（四）TMS 刺激与奖赏显著干扰（反应时）

同样的，我们对奖赏显著任务下的反应时进行了 2×3 的重复测量方差分析，以奖赏显著干扰物的奖赏水平（高/低）和 TMS 刺激的位置（左侧后部顶叶/右侧后部顶叶/vertex）为因素。结果只发现奖赏的主效应显著 $[F(1, 23) = 38.64,\ p < 0.001,\ \eta^2 =$

0.63]，没有发现奖赏和刺激位置的交互作用（$p = 0.45$）。

反效率 考虑到本实验对奖赏得分的按键反应速度有较严格的要求，虽然指导语告知被试需要在保证正确的基础上做反应，但是速度与反应时之间的权衡标准的不同会使实验的注意捕获效应分散在正确率和反应时两个指标上。为了进一步整合正确率和反应时上的效应，我们根据前人的文献（如 Bardi，et al.，2013；Bona，et al.，2014；Brozzoli et al.，2008；Mevorach et al.，2006；Mevorach，Humphreys，& Shalev，2009；Pasalar，Ro，& Beauchamp，2010）计算了整合正确率和反应时两个变量的反效率变量（Inverse Efficiency），具体计算办法为反应时除以正确率乘以 100%[见公式（4.3）]。

$$反效率 = \frac{反应时(ms)}{正确率(\%)} \times 100\% \qquad (4.3)$$

（五）TMS 刺激与物理显著干扰（反效率）

我们对物理显著任务下的反效率（见表 4.2）进行了 2×3 的重复测量方差分析，以物理显著干扰物（有/无）和 TMS 刺激的位置（左侧后部顶叶/右侧后部顶叶/vertex）为因素。结果发现，物理显著干扰的主效应显著[$F_{(1, 23)} = 59.89$，$p < 0.001$，$\eta^2 = 0.72$]，有无干扰物和 TMS 刺激的位置交互显著[$F_{(2, 46)} = 5.13$，$p = 0.01$，$\eta^2 = 0.18$]。因为交互作用显著，我们对反效率做了简单主效应分析，分别在有无干扰物两种条件下比较 TMS 刺激位置的作用。简单主效应分析结果显示，在有无干扰物两种条件下，TMS 刺激位置的主效应都不显著（$ps = 0.14$，0.46）。

表 4.2　TMS 刺激三个脑区位置的条件下，被试完成物理显著和奖赏显著两个任务的反效率的平均值和被试间的标准误

		反效率（毫秒）		
		左侧 后部顶叶	右侧 后部顶叶	vertex
物理显著任务	有干扰	519.6 （7.7）	519.2 （8.2）	507.2 （7.2）
	没有干扰	487.7 （7.3）	495.5 （7.6）	490.4 （8.5）
奖赏显著任务	高奖赏	521.1 （9.4）	537.3 （11.2）	533.2 （13.3）
	低奖赏	491.7 （7.0）	494.6 （9.2）	486.9 （8.6）

由于交互作用显著，我们用有干扰物条件下的反效率减去没有干扰物条件下的反效率计算得到反效率指标的注意捕获效应［见公式（4.4）］。计算注意捕获效应，是为了直接探讨 TMS 刺激位置对刺激驱动的注意捕获的影响。对反效率指标进行单因素重复测量方差分析，结果发现，TMS 刺激位置的主效应显著［$F_{(2, 46)} = 5.13$，$p < 0.01$，$\eta^2 = 0.18$］（见图 4.6A）。事后比较分析（经过 Bonferroni 矫正）发现，刺激左侧后部顶叶（相对于刺激 vertex）显著增加了在反效率指标上的刺激驱动的注意捕获效应 ｛左侧后部顶叶 vs. vertex，$t_{(23)} = 2.78$，$p = 0.032$，Cohen's $d = 0.57$，$CI_{95\%} = $［3.82ms，26.17ms］；右侧后部顶叶 vs. vertex，$p = 0.42$；左侧后部顶叶 vs. 右侧后部顶叶，$p = 0.18$｝。

$$\text{反效率指标的注意捕获效应} = \text{反效率（有干扰或高奖赏）} - $$
$$\text{反效率（无干扰或低奖赏）} \qquad (4.4)$$

（六） TMS 刺激与奖赏显著干扰（反效率）

同样的，我们对奖赏显著任务下的反效率（见表4.2）进行了 2×3 的重复测量方差分析，以奖赏显著干扰物的奖赏水平（高/低）和 TMS 刺激的位置（左侧后部顶叶/右侧后部顶叶/vertex）为因素。结果发现，奖赏的主效应显著 $[F(1, 23) = 47.60, p < 0.001, \eta^2 = 0.67]$，奖赏与 TMS 刺激位置的交互作用边缘显著 $[F(2, 46) = 2.61, p = 0.085, \eta^2 = 0.10]$。因为交互作用边缘显著，我们对反效率做了简单主效应分析，分别在高低显著性两种条件下比较 TMS 刺激位置的作用。简单主效应分析结果显示，在高低显著性条件下，TMS 刺激位置的主效应都不显著（$ps = 0.16, 0.55$）。

进一步，由于交互作用边缘显著，我们用高奖赏条件下的反效率减去低奖赏条件下的反效率计算得到反效率指标的注意捕获效应 [见公式（4.4）]。计算注意捕获效应，是为了直接探讨 TMS 刺激位置对奖赏驱动的注意捕获的影响。对反效率指标做单因素重复测量方差分析，结果发现，TMS 刺激位置的主效应边缘显著 $[F(2, 46) = 2.61, p = 0.085, \eta^2 = 0.10]$（见图 4.6B）。事后比较分析（经过 Bonferroni 矫正）发现，刺激左侧后部顶叶和右侧后部顶叶（相对于刺激 vertex）对在反效率指标上的奖赏驱动的注意捕获效应没有显著的影响（左侧后部顶叶 vs. vertex，$p = 0.17$；右侧后部顶叶 vs. vertex，$p = 1.0$；左侧后部顶叶 vs. 右侧后部顶叶，$p = 0.17$）。

（七） 眼动控制

在视觉搜索屏呈现时，96.8% 以上的试次的眼睛注视采样点的横纵坐标位置，落在离中央注视点 1 度的范围内（见图 4.6C），说明被试能使用内隐注意完成任务，不需要发生眼动。

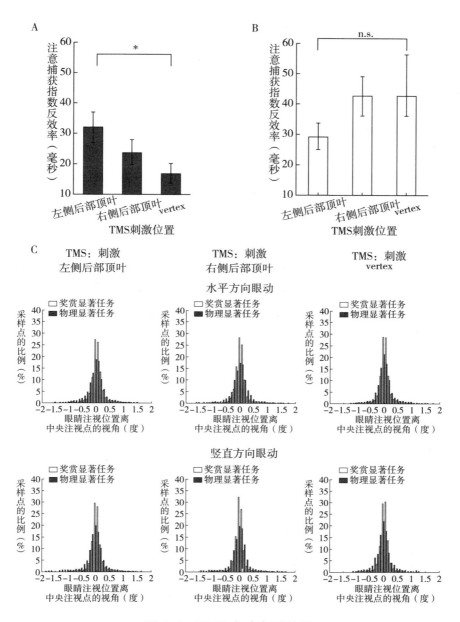

图 4.6　TMS 实验主要结果

注：* 代表 *p*<0.05，n. s. 代表不显著。

小 结

一 讨论

我们使用眼动捕获范式（Irwin et al., 2000；Theeuwes et al., 1998；Theeuwes et al., 1999）的变式，考察顶叶对物理显著的干扰物和奖赏联结的干扰物加工的影响。在行为前测、磁共振实验和 TMS 实验中，行为结果都一致地显示了明显的物理显著性和奖赏显著性相关的干扰效应，具体体现为当奖赏显著干扰物出现时反应时更长、错误率更高。眼动记录结果提示，被试能够按照指导语盯住中央注视点并使用内隐注意完成任务。

在磁共振实验中，我们发现，物理显著性和奖赏显著性高的干扰物的出现引起了双侧顶叶的激活。这一研究与众多发现后部顶叶活动与刺激的优先性有关的研究相一致。但是，顶叶对高奖赏相关或者高物理显著性相关的刺激更强的激活，背后有两种可能。第一种可能是，顶叶对高显著干扰物进行注意抑制以免造成更强烈的干扰，即更强的激活代表对干扰物更强烈的抑制（Ipata et al., 2006）。第二种可能是，顶叶负责加工刺激的显著性，即更强的激活代表对干扰物更强烈的加工（Buschman & Miller, 2007；Peck et al., 2009；Suzuki & Gottlieb, 2013）。这两个假设并不能从磁共振实验中得到证据支持。另外，磁共振实验还发现背侧前扣带回被物理显著或者奖赏显著的干扰物激活。我们认为，背侧前扣带回的激活，可能反映了注意捕获引起的执行控制水平的提高（Pessoa, 2009；Petersen & Posner, 2012），也可能反映了注意捕获引起的错误反馈信号（Gehring & Willoughby，2002；Holroyd，Coles，& Nieuwenhuis，2002）。与此解释一致的是，Lim 等（2008）发现，在知觉负载低而恐惧性情绪刺激作为干扰物的条件下，前扣带皮层活动与受恐惧性情绪干扰物干扰的程度呈反相关，这提示着前扣带回的执行控制角色；Hickey 等（2010）的 EEG 研究也发现，奖赏联结的注意效应与源于前扣带回的 MFN（Medial Frontal Negativity）成分有关。

在 TMS 实验中，我们发现，抑制左侧后部顶叶显著地增加了物理显著干扰物的注意捕获效应，但是抑制左侧后部顶叶并没有对奖赏显著干扰物的注意捕获效应产生影响，抑制右侧后部顶叶也没有对奖赏显著干扰物和物理显著干扰物的注意捕获效应产生影响。本研究结果支持了前人关于后部顶叶抑制干扰物的假设（Kanai et al.，2011；Mevorach et al.，2010；Mevorach et al.，2006）。

另外，虽然在磁共振实验中我们观测到两种显著性干扰的加工在顶叶有共同的激活，然而我们没有发现对于奖赏驱动的注意捕获受到左侧后部顶叶 TMS 的影响。我们猜测具体可能会有两方面的原因。第一，TMS 实验在奖赏组块中持续性地为被试提供奖赏，可能使奖赏驱动的注意捕获效应在刺激 vertex 时已经处于非常高的水平。因此，与物理显著任务不同，奖赏驱动的注意捕获在天花板效应的作用下可能很难再增加干扰效应。这个猜测来源于注意捕获在搜索的反效率指标上在两个任务上的差异：合并三个 TMS 刺激条件，奖赏显著任务下在搜索的反效率指标的注意捕获效应，显著大于物理显著任务下的注意捕获效应（物理显著任务 24.15±3.12ms；奖赏显著任务 39.51±5.73ms；

t（23）= 3. 19，p = 0. 004，Cohen's d = 0. 65，$CI_{95\%}$ = ［5. 40ms，25. 31ms］｝。第二，刺激双侧顶叶相对于刺激 vertex 在奖赏显著任务下虽然没有显著的差异，然而刺激左侧后部顶叶对奖赏显著任务的影响与对物理显著任务的影响有相反的趋势。奖赏显著任务中左侧后部顶叶的阴性结果，提示着顶叶对奖赏显著干扰和物理显著干扰的加工机制可能是不同的。这一点将在总讨论中进行叙述。

二　结论

通过磁共振扫描，我们发现，奖赏和物理显著相关的干扰物在双侧顶叶有共同的激活。我们采用 TMS 刺激双侧顶叶发现，抑制左侧后部顶叶增加了物理显著干扰物的注意捕获效应，然而并没有增加奖赏显著干扰物的注意捕获效应。该实验结果与前人关于左侧后部顶叶负责物理显著干扰物抑制的结论一致。而奖赏显著干扰物的抑制是否可以被左侧后部顶叶抑制，还需要进一步的研究进行验证。本研究的发现为后续的研究提供了一定的基础。

第五章
奖赏驱动注意捕获机制讨论

　　奖赏驱动的注意捕获是当前认知神经科学领域中选择性注意研究的热点问题。快速地注意到奖赏相关的刺激对人类具有重要的意义。同时，临床应用上，已有研究发现，与药物成瘾、人类免疫缺陷病毒有关的危险行为和肥胖等社会不适应的问题，与奖赏驱动的选择性注意高度自动化有关（Anderson et al., 2013；Anderson et al., 2016）。因此，研究奖赏驱动的注意捕获的形成和控制，将为临床应用研究提供重要的认知基础。

　　奖赏联结的刺激可以对注意选择产生非自愿性的干扰，该现象被称为奖赏驱动的注意捕获。另外，近期研究还发现，与奖赏类似的其他选择历史也对注意选择有重要影响。选择历史作为第三类注意控制的重要来源，与自上而下目标驱动的注意控制和自下而上刺激驱动的注意控制这两大类别并行，被纳入选择性注意理论中。虽然当前研究已经发现奖赏驱动的注意捕获的重要影响，然而，该现象与其他选择历史的注意选择的异同尚且不清，现有的研究对于该现象发生的必要条件和大脑如何对该现象进行控制了解得也不多。本书主要从奖赏相关刺激的选择优先性产生的注意和意识条件、选择历史比较和后部顶叶神经机制三方面探究奖赏驱动的注意捕获。

第一节　奖赏相关的选择优先性的边界条件

以往的研究发现，具有生物学重要性或者物理显著性的刺激在无意识层面具有加工优势，具体体现为更强的无意识注意或者更快地从无意识状态进入视觉意识状态（Balcetis et al.，2015；Jiang et al.，2006；Raio et al.，2012；综述见 Tamietto & Gelder，2010）。同时，许多脑成像研究也发现了无意识情绪加工的神经基础。由皮层下的杏仁核、丘脑核（pulvinar）、基底前脑（basal forebrain）的神经核团、基底神经节的伏隔核（nucleus accumbens）、皮层上的眶额皮层（orbitofrontal cortex）和前扣带皮层（anterior cingulate cortex）组成的情绪系统，对无意识的情绪性刺激的加工起到重要作用（Pessoa & Adolphs，2010；Tamietto & Gelder，2010）。然而，我们训练被试进行奖赏联结性学习后，发现刺激与奖赏信号的联结学习没有使视觉刺激更快突破连续闪烁抑制并进入视觉意识。这在使用不同刺激、不同长度的训练和是否加入突破连续闪烁抑制测试的 4 组被试中均有一致的结论。另外，我们发现，奖赏联结性学习已经可以促使奖赏相关的刺激捕获注意，排除了奖赏学习失败的解释。这一结果提示，短暂的奖赏联结性学习使刺激产生的显著性，其强度可能远远低于长期进化经验使刺激获得的生物重要性。一方面，近期研究提示，突破意识测试时对任务反应给予奖励反馈，奖赏相关的刺激可以通过动机的间接方式优先性地从无意识进入意识（Gayet et al.，2016；Radel & Clément-Guillotin，2012）。然而，我们关心的是奖赏信号和联结性学习所产生的选择优先性，通过动机的间接作用产生的优先性不能区分策略性注意分配与奖赏的影响（Maunsell，2004），不是本研究的主要目的。因此，我们并没有进一步证明实时奖赏信号是否可以促进刺激在无意识层面的优先性选择。另一方面，情绪性刺激的无意识加工的证据受到近期研究的质疑（Gayet et al.，2014）。研究者提出，前人使用的恐惧面孔等情绪图片刺激在低级属性上（如对比度和亮度）已经与中性情绪突破刺激有差异，以及没有通过有效的控制条件证明低级属性没有影响。因此，刺激的高级属性在无意识加工中具有优势的结论在近期研究中备受争议（见综述 Gayet et al.，2014）。总体而言，本研究偏向于认为，简单的刺激奖赏联结性学习可能不容易改变刺激在无意识阶段的选择。

　　本研究发现，奖赏驱动注意捕获的效应可以发生在当前注意已转移到目标位置的条件下，这一结论与前人的研究结论一致（Munneke et al.，2016；Munneke et al.，2015；Wang et al.，2018；Wang et al.，2015）。然而本研究使用的突现线索具有外源性特点，相比于以往研究使用的内源性线索（Munneke et al.，2016；Munneke et al.，2015）或者固定目标刺激位置的方法（Wang et al.，2018；Wang et al.，2015），本设计证据更充分，具体有两方面原因。第一，使用内源性线索有可能会使注意窗口弥散，或者需要依赖于被试的主动控制。实际上，在实验任务的练习变得更简单轻松的情况下，被试有可能没有完全充分利用内源性线索和已知的目标位置，造成注意窗口可能没有汇聚在目标位置上。在本研究中，外源性线索快速地不自主地捕获注意（Jonides & Yantis，1988）。换言之，外源性线索能高效地把被试的注意窗口转移到目标刺激的位置。第二，研究者认为，返回抑制开始的时间在 200～300ms 以后才发生（Klein，2000），而我们的搜索刺激在外源性线索消失 100ms 后就开始呈现，因此当外源性线索提示目标位置的时候，注意窗口仍然聚集在目标所在的位置。尽管当前空间注意自动化地转移到目标位置，并且还没有离开，奖赏联结的干扰物仍然捕获了注意。

综合而言，本研究提示了奖赏相关的刺激在选择中表现的优先性，并不需要刺激位于当前注意集中的范围内。奖赏显著性高的刺激能够在注意窗口范围外捕获注意，这一特性有利于个体在生存环境中快速地注意到与生存息息相关的奖赏刺激（如食物），进而促使个体做出有利于生存繁衍的决策。

第二节　奖赏等选择历史对早晚期注意选择的影响

近年来研究发现，选择历史（selection history）所残留的偏差（lingering bias）以独立于自上而下、目标驱动注意和自下而上、刺激驱动注意的方式，在选择性注意中扮演了第三类注意控制来源的重要角色（Awh et al.，2012；Theeuwes，1994）。本书第三章实验二从比较三种不同类型选择历史（奖赏、惩罚和启动）的角度，考察奖赏驱动的注意捕获与其他选择历史（惩罚和启动）对注意影响的异同。我们发现，奖赏信号与惩罚信号都吸引了早期的注意（体现在可以捕获第一眼跳的选择）。与此对比的是，同样作为选择历史的试次间启动，只能影响到视觉搜索晚期的选择过程，但不能稳定地影响早期的注意选择过程（如第一眼跳）。这一结果说明奖赏等具有生物学重要性的选择历史在早期注意资源的分配中具有优先性。

眼动反应的记录作为监控被试空间注意分配的直接手段，具有高空间分辨率和时间分辨率的优点，有利于更敏感地捕捉空间注意的转移。我们的研究发现，提示奖赏和惩罚的干扰物可以捕获第一眼跳，这为解决当前研究中关于惩罚相关的刺激是否可以通过联结性学习引起注意捕获的争议（Schmidt et al.，2015b；Wang et al.，2013；但见 Barbaro et al.，2017；Raymond & O'Brien，2009；Vogt et al.，2017）提供了清晰的证据。以往没有看到注意捕获效应的研究，可能是因为其搜索任务为非并行搜索任务（Theeuwes，Olivers & Belopolsky，2010），或者是因为早期的注意捕获效应后伴随着一个非常快速的注意撤离（Theeuwes，2010）以至于在以往的按键任务中没有探测到惩罚相关的注意捕获。本书第三章实验二的结果支持这一可能性，实验二发现，眼跳抵达目标刺激时的行为表现（一个较晚的行为指标）并没有呈现价值效应，而早期的第一眼跳方向却清晰地呈现惩罚驱动的注意捕获效应。采用敏感的眼动记录的研究方法为最近研究的不一致发现提供了清晰的证据。重要的是，本研究的发现与以往研究使用先奖赏联结性学习后测试的方法所观察到的发现不同。在我们的研究中，惩罚相关刺激从来没有成为搜索的目标，因此惩罚驱动的注意捕获是由注意习惯产生（Anderson，2016）。该研究结果的另一个重要提示是，奖赏驱动注意的机制可能是以价值的方式而不是效价的方式驱动，因此当效价变为负性的惩罚信号时也会引起注意捕获。我们认为，这种现象反映的是具有生物学重要性的信号，其激励显著性使刺激在众多刺激中变得更"凸显"，因此，即使在注意捕获会影响被试的奖励收入时，奖赏和惩罚相关的刺激仍然会快速地、不受被试控制地捕获注意。

另外，我们使用的启动干扰物也是与目标特征无关的且物理非显著的。这一设计有助于我们在同等条件下比较奖惩和启动对注意的影响，同时避免了启动与自上而下或者自下而上的注意之间的交互。我们的研究发现了与经典的启动效应不一致的结果，即启动特征并不能稳定地影响到早期的选择过程（第一眼跳），只能对相对晚期的注意选择过程产生偏向性的影响（相对于基线水平有更多非第一眼跳落在启动干扰物上）。这个结果与最近的研究结论一致（Kristjánsson，2006；Meeter & Van der Stigchel，2013；Michal et al.，2014；Van der Stigchel & Meeter，2017），即任务无关特征可以发生试次间启动，但其效应要远弱于任务相关且启动特征具有物理显著性的启动效应（Maljkovic & Nakayama，1994，1996）。利用眼动监控的研究方法，本研究进一步清晰地说明，任务无关且物理非显著特征的启动，主要作用于相对晚期的搜索过程，而不能稳定地自动化地捕获早期的注意选择（如第一眼跳），这一结论进一步延伸了前人对任务无关的特征启动的发现。

总的来说，奖赏、惩罚这类具有生物学重要性的选择历史，在早期注意资源的竞争中具有优先性，能自动化地捕获早期的注意选择。与奖惩对比的是，启动这类与生物学重要性无关的选择历史，在没有与物理显著性或者作为目标特征而被自上而下的注意发生交互的情景下，能稳定地使相对晚期的注意选择过程产生影响，但并不能快速地在早期注意资源的竞争中捕获注意。

第三节　奖赏显著性和物理显著性的后部顶叶机制

奖赏驱动的注意捕获与刺激驱动的注意捕获非常相似，均可以不自主地发生。前人的研究已经发现，一个具有物理显著性或者奖赏显著性的干扰物出现时会激活双侧的后部顶叶（Anderson et al.，2014；Fockert et al.，2004；Kelley & Yantis，2010；Kincade et al.，2005；Nardo et al.，2011；Serences et al.，2005；Wang et al.，2015）。然而，顶叶对高奖赏相关或者高物理显著性相关的刺激更强的激活，背后有两种对立的可能。第一种可能是，顶叶对高显著干扰物进行注意抑制以免造成更强烈的干扰，即更强的激活代表对干扰物更强烈的抑制（Ipata et al.，2006）。第二种可能是，顶叶负责加工刺激的显著性，即更强的激活代表对干扰物更强烈的加工（Buschman & Miller，2007；Peck et al.，2009；Suzuki & Gottlieb，2013）。学者对于电生理研究的结论存在争议，对于经颅磁刺激研究的结论也存在争议。例如，一些TMS研究发现，抑制后部顶叶增加了物理显著干扰物（Kanai et al.，2011；Mevorach et al.，2010；Mevorach et al.，2006）或者与威胁性事件相关的干扰物（Mulckhuyse et al.，2017）的干扰；而另一些研究却发现，抑制后部顶叶降低了被试对显著目标

（Yan et al.，2016）或者显著干扰物（Hodsoll et al.，2009）的敏感性。

本书第四章同时考察了奖赏显著性和物理显著性的顶叶神经机制。我们的研究表明，具有两类不同显著性的干扰激活了双侧后部顶叶，且激活的脑区位置高度重合。这一结果与以往电生理研究发现的猴子LIP编码刺激的物理显著性和奖赏显著性一致（Buschman & Miller，2007；Leathers & Olson，2013；Peck et al.，2009；Suzuki & Gottlieb，2013），提示着双侧顶叶在加工显著干扰物过程中所起到的重要作用。我们还发现，使用经颅磁刺激抑制左侧的后部顶叶增加了物理显著性驱动的注意捕获。换言之，抑制左侧后部顶叶降低了被试对干扰物的注意抑制功能。这一结果支持了上述提出的两种对立假设中的第一种假设，即左侧后部顶叶负责抑制干扰物。因此，本研究与前人的研究（Kanai et al.，2011；Mevorach et al.，2010；Mevorach et al.，2006）联合在一起，共同提示着左侧后部顶叶对物理显著性的干扰起到注意抑制的作用。

另外，我们没有发现TMS刺激右侧后部顶叶对物理显著任务产生影响。这一阴性结果提示着两种可能性。第一种可能性是TMS没有刺激到我们锁定的目标位点。对大多数被试来说，右侧后部顶叶的TMS目标位置处于较深的沟底，处于较深位置的右侧后部顶叶有可能没有被TMS刺激有效地抑制。因此，右侧后部顶叶的刺激条件可能刺激的是与加工干扰物显著性无关的区域。第二种可能性是根据前人研究右侧后部顶叶似乎对显著的目标刺激敏感而不是对显著的干扰物刺激敏感。例如，Mevorach等发现，刺激右侧后部顶叶只选择性地影响了被试对目标比干扰物维度显著的刺激的反应，而没有影响被试对干扰物维度比目标显著的刺激的反应（Mevorach et al.，2010；Mevorach et al.，2006）。与此相一致的是，Buschman 等（2007）和 Yan 等（2016）发现，右侧后部顶叶负责加工特征凸显的目标刺激而不加工特征不凸显的目标刺激。在本研究中，目标刺激比干扰物的显著性更低，综合前人的研究来看，右侧后部顶叶可能在本研究中对非显著的目标刺激并不敏感，因而我们没有观察出抑制右侧后部顶叶对注意捕获现象的影响。同时，这一推测提示着磁共振实验观测到的右侧后部顶叶激活可能是加工物理显著干扰物的副产物，比如说注意捕获以后反应式的增强对目标刺激的注意等。

另外，虽然我们发现刺激左侧后部顶叶增加了刺激驱动的干扰，但是我们并没有发现刺激相同的脑区位置时，奖赏驱动的注意捕获发生显著的改变。同样的，这一阴性结果提示着两种可能。第一种可能是奖赏实验的设计尚存在不足，没有测量到 TMS 刺激的效应。这一点已在第四章讨论过，并将在下面讨论本书不足中进行叙述，这里不再重复。第二种可能是顶叶加工物理显著性和奖赏显著性所扮演的具体角色不同。已有研究发现，奖赏驱动的注意捕获与前脑岛（Wang et al.，2015）、腹内侧额叶（Vaidya & Fellows，2015）、位于基底神经节的尾核（Anderson et al.，2014）以及中脑（Anderson et al.，2016）的活动直接相关。Wang 等（2015）通过动态因果模型（dynamic causal modeling，DCM）进一步分析发现，前脑岛负责加工奖赏的显著性，并且把奖赏显著性信息从前脑岛传递到了额顶网络。这些结果提示了加工奖赏或者奖赏显著性的脑区（Uddin，2015）在奖赏驱动的注意中可能起到关键作用，额顶网络可能只是作为接收显著性信息的晚期加工脑区而不能改变早期形成的显著性信息。这一猜想可以在情绪研究中得到侧面印证。例如，Anderson 和 Phelps（2001）发现，杏仁核的损伤直接破坏了情绪显著刺激所产生的增强的知觉效应。值得一提的是，Wang 等（2015）也没有发现额顶网络对视觉区域的连接受到奖赏的影响，这也是区别于顶叶可以抑制物理显著干扰的机制（Mevorach et al.，2010）。诚然，这些猜测需要更多的后续研究进一步探讨，例如改善实验设计，以及采用 DCM 分析本研究中奖赏和物理显著任务下奖赏系统与顶叶及枕叶的连接。未来的研究需要综合更多的证据，进一步探究顶叶在加工奖赏干扰物和物理显著干扰物中所扮演的角色是否不同。

第四节　未来研究展望

本研究尚存两个不足，在未来研究中需要继续完善并深入研究。第一个不足是第四章发现了左侧后部顶叶对物理显著任务的影响，但是没有发现对奖赏显著任务的影响，尚且不能对后部顶叶在奖赏相关干扰中发挥的作用下明确结论。没有观察到顶叶对奖赏显著性干扰加工的影响，一部分原因可能是实验中给予了持续的奖赏反馈，使奖赏相关的刺激的激励显著性始终处于非常高的天花板水平。即使顶叶发挥抑制作用，抑制顶叶也难以观察出更强的奖赏驱动的注意捕获效应。另外，实验中是否给予持续的奖赏反馈，对于 TMS 抑制顶叶的行为效应也可能不同。研究发现，给予奖赏反馈的测试中奖赏系统与前脑岛的联结性受奖赏调制（Rothkirch, Schmack, Deserno, et al.，

2014），而没有给予奖赏反馈的测试中前脑岛与顶叶的联结性受奖赏调制（Wang et al., 2015）。因此，从前人研究的分析看，本研究考察顶叶的作用更适合使用没有奖赏反馈的实验设计。综合以上两点，后续研究在 TMS 刺激后的测试任务中不给予奖励。

本研究的第二个不足是，干扰物的干扰效应在正确率和反应时上都有出现。如果被试在三天实验中采用不同的速度与反应时权衡标准，这将不利于研究横跨三天对 TMS 实验进行效应检验。出现这个问题，一部分原因是我们对被试的反应速度有较高的要求，被试需要快于上一组的前 75% 的反应时才能获取奖赏，这使得一部分注意捕获效应落在了正确率上。因此，后续实验需要改善实验设计降低速度反应时的权衡。

本研究的发现也为未来研究提供了一些思路。第一，未来研究可以考察前扣带回与奖赏驱动的注意捕获的关系。本研究第三章发现前扣带回在奖赏显著或者物理显著干扰出现时会被激活，而前人的 EEG 研究（Hickey et al., 2010）用源定位的方式也发现内侧前额皮层或者前扣带回的成分与奖赏相关的启动效应相关，前人的 fMRI 研究也发现恐惧情绪干扰物引起前扣带皮层活动与情绪相关的注意干扰相关（Lim et al., 2008）。未来研究可以考察前扣带回参与注意捕获效应的认知成分，如执行控制、注意控制还是错误反馈加工。

第二，未来研究可以考察奖赏驱动的注意捕获形成的神经机制。最近研究发现，在奖赏学习阶段，奖赏反馈呈现时视觉系统会对奖赏联结的刺激属性进行重激活（Anderson, 2017；Hickey & Peelen, 2017）。研究者认为，该重激活是刺激与奖赏联结发生的神经基础，后续研究可以进一步采用在线的 TMS 考察干扰重激活的视觉刺激加工的方式，考察奖赏给予阶段的视觉刺激重激活对奖赏驱动的注意捕获所起到的因果作用。

第五节　研究结论

本研究采用相对一致的刺激和行为范式，结合行为测试、眼动记录、功能磁共振成像和经颅磁刺激的方法，在三个研究中探究了奖赏驱动的注意捕获的行为特点及其神经机制。本研究的结论如下。

（1）我们发现，刺激与奖赏信号的联结可以使刺激捕获空间注意，但是未发现使视觉刺激更快地进入视觉意识。这种注意捕获的自动化程度较高，可以不依赖于当前注意集中的位置。这一结果提示着，对于奖赏联结的刺激产生选择优先性来说，刺激位于当前注意窗口的范围内不是必要条件，但可能需要刺激处于视觉意识以上。

（2）在确保不同选择历史都处于物理非显著的条件下，我们发现，奖赏信号与惩罚信号都吸引了早期的注意选择。与此对比的是，同样是选择历史的试次间启动，虽然对注意选择具有偏向性的影响，但是其影响只发生在相对晚期而不是早期的阶段。这一结果说明，奖赏等具有生物学重要性的选择历史在早期的注意选择中具有优先性。

（3）双侧后部顶叶和背侧前扣带回都参加了物理显著干扰和奖赏显著干扰呈现时的注意加工过程。左侧后部顶叶在对抑制刺激驱动的干扰过程中扮演了重要的角色；而奖赏驱动的干扰是否也具有类似的顶叶机制，还需要后续研究进一步探究。

综上所述，奖赏作为其中一种具有生物学重要性的信息，对注意选择的调节具有优先性。这种优先性既体现在奖赏联结的刺激可以独立于当前注意范围而捕获注意选择，也体现在对注意选择的影响发生在相对早期的阶段。奖赏驱动的捕获注意在行为表现和顶叶的神经关联活动上都具有类似于物理显著性增强的特点，然而顶叶在抑制物理显著干扰物和奖赏显著干扰物的过程中似乎存在不同的神经机制。本研究从发生条件、行为特点和神经机制的角度，拓展了我们对奖赏驱动的注意捕获的理解。

参考文献

Anderson, A. K., & Phelps, E. A. 2001. "Lesions of the human amygdala impair enhanced perception of emotionally salient events." *Nature*, 411 (6835), 305–309.

Anderson, B. A. 2013. "A value-driven mechanism of attentional selection." *Journal of Vision*, 13 (3), 103–104.

Anderson, B. A. 2016. "The attention habit: how reward learning shapes attentional selection." *Annals of the New York Academy of Sciences*, 1369 (1), 24–39.

Anderson, B. A. 2017. "Reward processing in the value-driven attention network: reward signals tracking cue identity and location." *Social Cognitive and Affective Neuroscience*, 12 (3), 461–467.

Anderson, B. A., Faulkner, M. L., Rilee, J. J., Yantis, S., & Marvel, C. L. 2013. "Attentional bias for nondrug reward is magnified in addiction." *Experimental and Clinical Psychopharmacology*, 21 (6), 499–506.

Anderson, B. A., Kronemer, S. I., Rilee, J. J., Sacktor, N., & Marvel, C. L. 2016. "Reward, attention, and HIV-related risk in

HIV+individuals. " *Neurobiology of Disease*, 92, 157-165.

Anderson, B. A., Kuwabara, H., Wong, D. F., Gean, E. G., Rahmim, A., Brasic, J. R., George, N., Frolov, B., Counrtney, S. M., Yantis, S. 2016. "The Role of Dopamine in Value-Based Attentional Orienting. " *Current Biology*, 26 (4), 550-555.

Anderson, B. A., Laurent, P. A., & Yantis, S. 2011a. "Learned value magnifies salience-based attentional capture. " *PLoS One*, 6 (11), e27926.

Anderson, B. A., Laurent, P. A., & Yantis, S. 2011b. "Value-driven attentional capture. " *Proceedings of the National Academy of Sciences*, 108 (25), 10367-10371.

Anderson, B. A., Laurent, P. A., & Yantis, S. 2014. "Value-driven attentional priority signals in human basal ganglia and visual cortex. " *Brain Research*, 1587 (1), 88-96.

Anderson, B. A., & Yantis, S. 2013. "Persistence of value-driven attentional capture. " *Journal of Experimental Psychology*: *Human Perception and Performance*, 39 (1), 6-9.

Awh, E., Belopolsky, A. V., & Theeuwes, J. 2012. "Top-down versus bottom-up attentional control: a failed theoretical dichotomy. " *Trends in Cognitive Sciences*, 16 (8), 437-443.

Baars, B. J. 1997. *In the Theater of Consciousness*: *The Workspace of the Mind*: Wiley.

Bacon, W. F., & Egeth, H. E. 1994. "Overriding stimulus-driven attentional capture. " *Perception & Psychophysics*, 55 (5), 485-496.

Balcetis, E., Dunning, D., & Granot, Y. 2015. "Subjective

value determines initial dominance in binocular rivalry." *Journal of Experimental Social Psychology*, 48 (1), 122-129.

Barbaro, L., Peelen, M. V., & Hickey, C. 2017. "Valence, not utility, underlies reward-driven prioritization in human vision." *Journal of Neuroscience*, 37 (43), 10438-10450.

Bardi, L., Kanai, R., Mapelli, D., & Walsh, V. 2013. "Direct current stimulation (tDCS) reveals parietal asymmetry in local/ global and salience-based selection." *Cortex*, 49 (3), 850-860.

Beck, V. M., Luck, S. J., & Hollingworth, A. 2017. "Whatever you do, don't look at the…: evaluating guidance by an exclusionary attentional template." *Journal of Experimental Psychology: Human Perception and Performance*, 44 (4), 645-662.

Belopolsky, A. V., & Theeuwes, J. 2010. "No capture outside the attentional window." *Vision Research*, 50 (23), 2543-2550.

Belopolsky, A. V., Zwaan, L., Theeuwes, J., & Kramer, A. F. 2007. "The size of an attentional window modulates attentional capture by color singletons." *Psychonomic Bulletin & Review*, 14 (5), 934-938.

Berridge, K. C., & Robinson, T. E. 1998. "What is the role of dopamine in reward: hedonic impact, reward learning, or incentive salience?" *Brain Research Reviews*, 28 (3), 309-369.

Berridge, K. C., & Robinson, T. E. 2003. "Parsing reward." *Trends in Neurosciences*, 26 (9), 507-513.

Biederman, I. (1972). "Perceiving real-world scenes." *Science*, 177 (4043), 77-80.

Bisley, J. W., & Goldberg, M. E. 2010. "Attention, intention, and priority in the parietal lobe." *Annual Review of Neuroscience*, 33, 1-21.

Blake, R., & Fox, R. 1974. "Adaptation to invisible gratings and the site of binocular rivalry suppression." *Nature*, 249 (456), 488-490.

Bona, S., Herbert, A., Toneatto, C., Silvanto, J., & Cattaneo, Z. 2014. "The causal role of the lateral occipital complex in visual mirror symmetry detection and grouping: an fMRI-guided TMS study." *Cortex*, 51, 46-55.

Botvinick, M., & Braver, T. 2015. "Motivation and cognitive control: from behavior to neural mechanism." *Annual Review of Psychology*, 66 (1), 83-113.

Brainard, D. H. 1997. "The psychophysics toolbox". *Spat Vis*, 10 (4), 433-436.

Bromberg-Martin, E. S., & Hikosaka, O. 2009. "Midbrain dopamine neurons signal preference for advance information about upcoming rewards." *Neuron*, 63 (1), 119-126.

Brozzoli, C., Ishihara, M., Göbel, S. M., Salemme, R., Rossetti, Y., & Farnè, A. 2008. "Touch perception reveals the dominance of spatial over digital representation of numbers." *Proceedings of the National Academy of Sciences*, 105 (14), 5644-5648.

Bucker, B., & Theeuwes, J. 2016. "Appetitive and aversive outcome associations modulate exogenous cueing." *Attention, Perception, & Psychophysics*, 78 (7), 2253-2265.

Buschman, T. J., & Miller, E. K. 2007. " Top-down versus bottom-up control of attention in the prefrontal and posterior parietal cortices. " *Science*, 315 (5820), 1860–1862.

Carrasco, M. 2011. " Visual attention: the past 25 years ". *Vision Research*, 51 (13), 1484–1525.

Chelazzi, L., Eštočinová, J., Calletti, R., Gerfo, E. L., Sani, I., Della Libera, C., & Santandrea, E. 2014. " Altering spatial priority maps via reward-based learning. " *Journal of Neuroscience*, 34 (25), 8594–8604.

Chun, M. M., & Jiang, Y. 1999. " Top-down attentional guidance based on implicit learning of visual covariation. " *Psychological Science*, 10 (4), 360–365.

Corbetta, M., & Shulman, G. L. 2002. " Control of goal-directed and stimulus-driven attention in the brain. " *Nature Reviews Neuroscience*, 3 (3), 201–215.

Corbetta, M., Patel, G., & Shulman, G. L. 2008. " The reorienting system of the human brain: from environment to theory of mind. " *Neuron*, 58 (3), 306–324.

Crick, F., & Koch, C. 2003. " A framework for consciousness. " *Nature Neuroscience*, 6 (2), 119–126.

Cunningham, C. A., & Egeth, H. E. 2016. " Taming the white bear: initial costs and eventual benefits of distractor inhibition. " *Psychological Science*, 27 (4), 476–485.

Dehaene, S., Changeux, J. -P., Naccache, L., Sackur, J., & Sergent, C. 2006. " Conscious, preconscious, and subliminal processing: a testable taxonomy. " *Trends in Cognitive Sciences*, 10 (5), 204–211.

Dennett, D. C., & Weiner, P. 1991. "Consciousness explained. " *Philosophy & Phenomenological Research*, 53 (4), 889.

Desimone, R., & Duncan, J. 1995. " Neural mechanisms of selective visual attention. " *Annual Review of Neuroscience*, 18 (1), 193–222.

Deubel, H., & Schneider, W. X. 1996. " Saccade target selection and object recognition: evidence for a common attentional mechanism. " *Vision Research*, 36 (12), 1827–1837.

Engelmann, J. B., & Pessoa, L. 2007. " Motivation sharpens exogenous spatial attention. " *Emotion*, 7 (3), 668–674.

Egly, R., Driver, J., & Rafal, R. D. 1994. "Shifting visual attention between objects and locations: evidence from normal and parietal lesion subjects. " *Journal of Experimental Psychology: General*, 123 (2), 161–177.

Failing, M., Nissens, T., Pearson, D., Le Pelley, M., & Theeuwes, J. 2015. "Oculomotor capture by stimuli that signal the availability of reward. " *Journal of Neurophysiology*, 114 (4), 2316–2327.

Failing, M., & Theeuwes, J. 2017. " Selection history: how reward modulates selectivity of visual attention. " *Psychonomic Bulletin & Review*, 25 (2), 514–538.

Failing, M. F., & Theeuwes, J. 2015. " Nonspatial attentional capture by previously rewarded scene semantics. " *Visual Cognition*,

23（1-2），82-104.

Fang, F., & He, S. 2005. "Cortical responses to invisible objects in the human dorsal and ventral pathways." *Nature Neuroscience*, 8（10），1380-1385.

Feldmann-Wüstefeld, T., Brandhofer, R., & Schubö, A. 2016. "Rewarded visual items capture attention only in heterogeneous contexts." *Psychophysiology*, 53（7），1063-1073.

Ferrante, O., Patacca, A., Di Caro, V., Della Libera, C., Santandrea, E., & Chelazzi, L. 2017. "Altering spatial priority maps via statistical learning of target selection and distractor filtering." *Cortex*, 102, 67-95.

Fockert, Rees, G., Frith, C., & Lavie, N. 2004. "Neural correlates of attentional capture in visual search." *J Cogn Neurosci*, 16（5），751-759.

Gaspelin, N., Leonard, C. J., & Luck, S. J. 2016. "Suppression of overt attentional capture by salient-but-irrelevant color singletons." *Attention Perception & Psychophysics*, 79（1），45-62.

Gayet, S., Paffen, C. L., Belopolsky, A. V., Theeuwes, J., & Van, d. S. S. 2016. "Visual input signaling threat gains preferential access to awareness in a breaking continuous flash suppression paradigm." *Cognition*, 149, 77-83.

Gayet, S., Stigchel, S. V. D., & Paffen, C. L. E. 2014. "Breaking continuous flash suppression: competing for consciousness on the pre-semantic battlefield." *Frontiers in Psychology*, 5（5），460.

Gehring, W. J., & Willoughby, A. R. 2002. "The medial

frontal cortex and the rapid processing of monetary gains and losses. " *Science*, 295 (5563), 2279-2282.

Geng, J. J. 2014. " Attentional mechanisms of distractor suppression. " *Current Directions in Psychological Science*, 23 (2), 147-153.

Geng, J. J., &Behrmann, M. 2005. "Spatial probability as an attentional cue in visual search. " *Perception & Psychophysics*, 67 (7), 1252-1268.

Godijn, R., & Theeuwes, J. 2002. "Programming of endogenous and exogenous saccades: evidence for a competitive integration model. " *Journal of Experimental Psychology*: *Human Perception and Performance*, 28 (5), 1039-1054.

Godijn, R., & Theeuwes, J. 2003. " Parallel allocation of attention prior to the execution of saccade sequences. " *Journal of Experimental Psychology*: *Human Perception and Performance*, 29 (5), 882-896.

Gong, M., Jia, K., & Li, S. 2017. "Perceptual competition promotes suppression of reward salience in behavioral selection and neural representation. " *Journal of Neuroscience*, 37 (26), 6242-6252.

Grill-Spector, K., Kourtzi, Z., & Kanwisher, N. 2001. "The lateral occipital complex and its role in object recognition. " *Vision Research*, 41 (10-11), 1409-1422.

Hickey, C., Chelazzi, L., & Theeuwes, J. 2010. " Reward changes salience in human vision via the anterior cingulate. " *Journal of Neuroscience*, 30 (33), 11096-11103.

Hickey, C., Kaiser, D., & Peelen, M. V. 2015. "Reward guides attention to object categories in real-world scenes." *Journal of Experimental Psychology*: *General*, 144 (2), 264-273.

Hickey, C., & Peelen, M. V. 2015. "Neural mechanisms of incentive salience in naturalistic human vision." *Neuron*, 85 (3), 512-518.

Hickey, C., & Peelen, M. V. 2017. "Reward selectively modulates the lingering neural representation of recently attended objects in natural scenes." *Journal of Neuroscience*, 37 (31), 7297-7304.

Hodsoll, J., Mevorach, C., & Humphreys, G. W. 2009. "Driven to less distraction: rTMS of the right parietal cortex reduces attentional capture in visual search by eliminating inter-trial priming." *Cerebral Cortex*, 19 (1), 106-114.

Hoffman, J. E., & Subramaniam, B. 1995. "The role of visual attention in saccadic eye movements." *Perception & Psychophysics*, 57 (6), 787-795.

Holmqvist, K., Nyström, M., Andersson, R., Dewhurst, R., Jarodzka, H., & Van de Weijer, J. 2011. *Eye Tracking*: *A Comprehensive Guide to Methods and Measures*: OUP Oxford.

Holroyd, C. B., Coles, M., & Nieuwenhuis, S. 2002. "Medial prefrontal cortex and error potentials." *Science*, 296 (5573), 1610-1611.

Hsieh, P. -J., Colas, J. T., & Kanwisher, N. 2011. "Pop-out without awareness: unseen feature singletons capture attention only when top-down attention is available." *Psychological Science*, 22

（9），1220-1226.

Huang, Y. Z., Edwards, M. J., Rounis, E., Bhatia, K. P., & Rothwell, J. C. 2005. "Theta burst stimulation of the human motor cortex." *Neuron*, 45（2），201-206.

Ipata, A. E., Gee, A. L., Gottlieb, J., Bisley, J. W., & Goldberg, M. E. 2006. "LIP responses to a popout stimulus are reduced if it is overtly ignored." *Nature Neuroscience*, 9（8），1071-1076.

Irwin, D. E., Colcombe, A. M., Kramer, A. F., & Hahn, S. 2000. "Attentional and oculomotor capture by onset, luminance and color singletons." *Vision Research*, 40（10），1443-1458.

James, William. 1890. *The Principles of Psychology*：Macmillan.

Jiang, Y., Costello, P., Fang, F., Huang, M., & He, S. 2006. "A gender-and sexual orientation-dependent spatial attentional effect of invisible images." *Proceedings of the National Academy of Sciences*, 103（45），17048-17052.

Jiang, Y., Costello, P., & He, S. 2007. "Processing of invisible stimuli：advantage of upright faces and recognizable words in overcoming interocular suppression." *Psychological Science*, 18（4），349-355.

Jonides, J. 1981. "Voluntary versus automatic control over the mind's eye's movement." In J. Long & A. Baddeley（eds.）, *Attention and Performance*：Lawrence Erlbaum Associates.

Jonides, J., Naveh-Benjamin, M., & Palmer, J. 1985. "Assessing automaticity." *Acta Psychologica*, 60（2-3），157-171.

Jonides, J., & Yantis, S. 1988. "Uniqueness of abrupt visual onset in capturing attention. " *Perception & Psychophysics*, 43 (4), 346-354.

Kahneman, D. 1973. *Attention and Effort*: Prentice-Hall.

Kahneman, D. 2011. *Thinking, Fast and Slow*: Macmillan.

Kahneman, D., & Treisman, A. 1984. " Changing views of attention and automaticity." In Raja Parasuraman, D. R. Pavies (eds), *Varieties of Attention*: Academic Press.

Kanai, R., Dong, M. Y., Bahrami, B., & Rees, G. 2011. "Distractibility in daily life is reflected in the structure and function of human parietal cortex. " *Journal of Neuroscience the Official Journal of the Society for Neuroscience*, 31 (18), 6620-6626.

Kastner, S., & Ungerleider, L. G. 2000. "Mechanisms of visual attention in the human cortex. " *Annual Review of Neuroscience*, 23 (1), 315-341.

Kelley, T. A., & Yantis, S. 2010. " Neural correlates of learning to attend. " *Frontiers in Human Neuroscience*, 4 (4), 216.

Kincade, J. M., Abrams, R. A., Astafiev, S. V., Shulman, G. L., & Corbetta, M. 2005. "An event-related functional magnetic resonance imaging study of voluntary and stimulus-driven orienting of attention. " *Journal of Neuroscience the Official Journal of the Society for Neuroscience*, 25 (18), 4593-4604.

Kingstone, A., & Klein, R. M. 1993. "Visual offsets facilitate saccadic latency: does predisengagement of visuospatial attention mediate this gap effect? " *Journal of Experimental Psychology*:

Human Perception and Performance, 19 (6), 1251-1265.

Kiss, M., Driver, J., & Eimer, M. 2009. "Reward priority of visual target singletons modulates event-related potential signatures of attentional selection." *Psychological Science*, 20 (2), 245-251.

Klein, R. M. 2000. "Inhibition of return." *Trends in Cognitive Sciences*, 4 (4), 138-147.

Koch, C., & Tsuchiya, N. 2007. "Attention and consciousness: two distinct brain processes." *Trends in Cognitive Sciences*, 11 (1), 16-22.

Koch, C., & Tsuchiya, N. 2012. "Attention and consciousness: related yet different." *Trends in Cognitive Sciences*, 16 (2), 103-105.

Kristjánsson, A. 2006. "Simultaneous priming along multiple feature dimensions in a visual search task." *Vision Research*, 46 (16), 2554-2570.

Lamme, V. A. 2003. "Why visual attention and awareness are different." *Trends in Cognitive Sciences*, 7 (1), 12-18.

Leathers, M. L., & Olson, C. R. 2013. "In monkeys making value-based decisions, LIP neurons encode cue salience and not action value." *Science*, 340 (6131), 132-135.

LePelley, M. E., Mitchell, C. J., Beesley, T., George, D. N., & Wills, A. J. 2016. "Attention and associative learning in humans: An integrative review." *Psychological Bulletin*, 142 (10), 1111-1140.

LePelley, M. E., Pearson, D., Griffiths, O., & Beesley, T. 2015. "When goals conflict with values: counterproductive attentional and oculomotor capture by reward-related stimuli. " *Journal of Experimental Psychology*: *General*, 144 （1）, 158-171.

Li, Y., & Li, S. 2015. " Contour integration, attentional cuing, and conscious awareness: an investigation on the processing of collinear and orthogonal contours. " *Journal of Vision*, 15 （16）: 1-16.

Libera, C. D., & Chelazzi, L. 2006. "Visual selective attention and the effects of monetary rewards. " *Psychological Science*, 17 （3）, 222-227.

Libera, C. D., & Chelazzi, L. 2009. "Learning to attend and to ignore is a matter of gains and losses. " *Psychological Science*, 20 （6）, 778-784.

Lim, S. L., Padmala, S., & Pessoa, L. 2008. " Affective learning modulates spatial competition during low-load attentional conditions. " *Neuropsychologia*, 46 （5）, 1267-1278.

Maljkovic, V., & Nakayama, K. 1994. "Priming of pop-out: I. Role of features. " *Memory & Cognition*, 22 （6）, 657-672.

Maljkovic, V., & Nakayama, K. 1996. "Priming of pop-out: II. the role of position. " *Perception & Psychophysics*, 58 （7）, 977-991.

Maljkovic, V., & Nakayama, K. 2000. "Priming of popout: Ⅲ. a short-term implicit memory system beneficial for rapid target selection. " *Visual Cognition*, 7 （5）, 571-595.

Maunsell, J. H. 2004. " Neuronal representations of cognitive state: reward or attention? " *Trends in Cognitive Sciences*, 8 （6）,

261–265.

Maunsell, J. H. R., & Treue, S. 2006. "Feature-based attention in visual cortex. " *Trends in Neurosciences*, 29 (6), 317–322.

McCoy, B., & Theeuwes, J. 2016. "Effects of reward on oculomotor control. " *Journal of Neurophysiology*, 116 (5), 2453–2466.

Meeter, M., & Van der Stigchel, S. 2013. "Visual priming through a boost of the target signal: evidence from saccadic landing positions. " *Attention, Perception, & Psychophysics*, 75 (7), 1336–1341.

Mevorach, C., Hodsoll, J., Allen, H., Shalev, L., & Humphreys, G. 2010. "Ignoring the elephant in the room: a neural circuit to downregulate salience. " *Journal of Neuroscience the Official Journal of the Society for Neuroscience*, 30 (17), 6072–6079.

Mevorach, C., Humphreys, G. W., & Shalev, L. 2006. "Opposite biases in salience-based selection for the left and right posterior parietal cortex. " *Nature Neuroscience*, 9 (6), 740–742.

Mevorach, C., Humphreys, G. W., & Shalev, L. 2009. "Reflexive and preparatory selection and suppression of salient information in the right and left posterior parietal cortex. " *Journal of Cognitive Neuroscience*, 21 (6), 1204–1214.

Michal, A. L., Lleras, A., & Beck, D. M. 2014. "Relative contributions of task-relevant and task-irrelevant dimensions in priming of pop-out. " *Journal of Vision*, 14 (12), 14.

Milstein, D. M., & Dorris, M. C. 2007. "The influence of expected value on saccadic preparation. " *Journal of Neuroscience*, 27 (18), 4810–4818.

Moher, J., & Egeth, H. E. 2012. "The ignoring paradox: cueing distractor features leads first to selection, then to inhibition of to-be-ignored items." *Attention, Perception, & Psychophysics*, 74 (8), 1590−1605.

Mudrik, L., Breska, A., Lamy, D., & Deouell, L. Y. 2011. "Integration without awareness: expanding the limits of unconscious processing." *Psychological Science*, 22 (6), 764−770.

Mulckhuyse, M., Engelmann, J. B., Djlg, S., & Roelofs, K. 2017. "Right posterior parietal cortex is involved in disengaging from threat: a 1-Hz rTMS study." *Soc Cogn Affect Neurosci*, 12 (11), 1814−1822.

Munneke, J., Belopolsky, A. V., & Theeuwes, J. 2016. "Distractors associated with reward break through the focus of attention." *Attention Perception & Psychophysics*, 78 (7), 2213−2225.

Munneke, J., Hoppenbrouwers, S. S., & Theeuwes, J. 2015. "Reward can modulate attentional capture, independent of top-down set." *Attention Perception & Psychophysics*, 77 (8), 2540−2548.

Nardo, D., Santangelo, V., & Macaluso, E. 2011. "Stimulus-driven orienting of visuo-spatial attention in complex dynamic environments." *Neuron*, 69 (5), 1015−1028.

Nissens, T., Failing, M., & Theeuwes, J. 2016. "People look at the object they fear: oculomotor capture by stimuli that signal threat." *Cognition and Emotion*, 31 (8), 1707−1714.

Pasalar, S., Ro, T., & Beauchamp, M. S. 2010. "TMS of posterior parietal cortex disrupts visual tactile multisensory integration."

European Journal of Neuroscience, 31 （10）, 1783–1790.

Pavlov, I. P. 1927. *Conditioned Reflexes*: *An Investigation of the Pysiological Activity of the Cerebral Cortex*: Oxford University Press.

Pearson, D., Osborn, R., Whitford, T. J., Failing, M., Theeuwes, J., & Le Pelley, M. E. 2016. "Value-modulated oculomotor capture by task-irrelevant stimuli is a consequence of early competition on the saccade map." *Attention*, *Perception*, *& Psychophysics*, 78 （7）, 2226–2240.

Peck, C. J., Jangraw, D. C., Suzuki, M., Efem, R., & Gottlieb, J. 2009. "Reward modulates attention independently of action value in posterior parietal cortex." *Journal of Neuroscience the Official Journal of the Society for Neuroscience*, 29 （36）, 11182–11191.

Pelli, D. G. 1997. "The VideoToolbox software for visual psychophysics: transforming numbers into movies." *Spatial Vision*, 10 （4）, 437–442.

Pessoa, L. 2009. "How do emotion and motivation direct executive control?" *Trends in Cognitive Sciences*, 13 （4）, 160–166.

Pessoa, L., & Adolphs, R. 2010. "Emotion processing and the amygdala: from a 'low road' to 'many roads' of evaluating biological significance." *Nature Reviews Neuroscience*, 11 （11）, 773–783.

Pessoa, L., Padmala, S., Kenzer, A., & Bauer, A. 2010. "Interactions between cognition and emotion during response inhibition." *Emotion*, 12 （1）, 192–197.

Petersen, S. E., & Posner, M. I. 2012. "The attention system of the human brain: 20 years after." *Annual Review of Neuroscience*,

35, 73-89.

Posner, M. I. 1980. "Orienting of attention." *Quarterly Journal of Experimental Psychology*, 32 (1), 3-25.

Posner, M. I., & Petersen, S. E. 1990. "The attention system of the human brain." *Annual Review of Neuroscience*, 13 (1), 25-42.

Ptak, R. 2012. "The frontoparietal attention network of the human brain: action, saliency, and a priority map of the environment." *Neuroscientist*, 18 (5), 502-515.

Qi, S., Zeng, Q., Ding, C., & Li, H. 2013. "Neural correlates of reward-driven attentional capture in visual search." *Brain Research*, 1532, 32-43.

Qu, Z., Hillyard, S. A., & Ding, Y. 2017. "Perceptual learning induces persistent attentional capture by nonsalient shapes." *Cerebral Cortex*, 27 (2), 1512-1523.

Radel, R., & Clément-Guillotin, C. 2012. "Evidence of motivational influences in early visual perception: hunger modulates conscious access." *Psychological Science*, 23 (3), 232-234.

Raio, C. M., Carmel, D., Carrasco, M., & Phelps, E. A. 2012. "Nonconscious fear is quickly acquired but swiftly forgotten." *Current Biology*, 22 (12), R477-R479.

Raymond, J. E., & O'Brien, J. L. 2009. "Selective visual attention and motivation the consequences of value learning in an attentional blink task." *Psychological Science*, 20 (8), 981-988.

Reuter-Lorenz, P. A., Hughes, H. C., & Fendrich, R. 1991.

"The reduction of saccadic latency by prior offset of the fixation point: an analysis of the gap effect." *Perception & Psychophysics*, 49 (2), 167-175.

Rothkirch, M., Stein, T., Sekutowicz, M., & Sterzer, P. 2012. "A direct oculomotor correlate of unconscious visual processing." *Current Biology Cb*, 22 (13), 514-515.

Rothkirch M, Schmack K, Deserno L, Darmohray D, Sterzer P. 2014. "Attentional modulation of reward processing in the human brain."

Sawaki, R., Luck, S. J., & Raymond, J. E. 2015. "How attention changes in response to incentives." *Journal of Cognitive Neuroscience*, 27 (11), 2229-2239.

Schmidt, L. J., Belopolsky, A. V., & Theeuwes, J. 2015a. "Attentional capture by signals of threat." *Cognition and Emotion*, 29 (4), 687-694.

Schmidt, L. J., Belopolsky, A. V., & Theeuwes, J. 2015b. "Potential threat attracts attention and interferes with voluntary saccades." *Emotion*, 15 (3), 329-338.

Schmidt, L. J., Belopolsky, A. V., & Theeuwes, J. 2016. "The time course of attentional bias to cues of threat and safety." *Cognition and Emotion*, 31 (5), 845-857.

Schultz, W. 2000. "Multiple reward signals in the brain." *Nature Reviews Neuroscience*, 1 (3), 199-207.

Schultz, W. 2015. "Neuronal reward and decision signals: from theories to data." *Physiological Reviews*, 95 (3), 853-951.

Schultz, W., & Dickinson, A. 2000. "Neuronal coding of prediction errors." *Annual Review of Neuroscience*, 23 (1), 473-500.

Seaman, M. A., Levin, J. R., & Serlin, R. C. 1991. "New developments in pairwise multiple comparisons: some powerful and practicable procedures." *Psychological Bulletin*, 110 (3), 577-586.

Serences, J. T. 2008. "Value-based modulations in human visual cortex." *Neuron*, 60 (6), 1169-1181.

Serences, J. T., Shomstein, S., Leber, A. B., Golay, X., Egeth, H. E., & Yantis, S. 2005. "Coordination of voluntary and stimulus-driven attentional control in human cortex." *Psychological Science*, 16 (2), 114-122.

Small, D. M., Gitelman, D., Simmons, K., Bloise, S. M., Parrish, T., & Mesulam, M. -M. 2005. "Monetary incentives enhance processing in brain regions mediating top-down control of attention." *Cerebral Cortex*, 15 (12), 1855-1865.

Stein, T., Senju, A., Peelen, M. V., & Sterzer, P. 2011. "Eye contact facilitates awareness of faces during interocular suppression." *Cognition*, 119 (2), 307-311.

Stein, T., & Sterzer, P. 2012. "Not just another face in the crowd: detecting emotional schematic faces during continuous flash suppression." *Emotion*, 12 (5), 988-996.

Suzuki, M., & Gottlieb, J. 2013. "Distinct neural mechanisms of distractor suppression in the frontal and parietal lobe." *Nature Neuroscience*, 16 (1), 98-139.

Tamietto, M., & Gelder, B. D. 2010. "Neural bases of the

non-conscious perception of emotional signals. " *Nature Reviews Neuroscience*, 11 (10), 697–709.

Theeuwes, J. 1991. " Exogenous and endogenous control of attention: the effect of visual onsets and offsets. " *Perception & Psychophysics*, 49 (1), 83–90.

Theeuwes, J. 1992. "Perceptual selectivity for color and form. " *Perception & Psychophysics*, 51 (6), 599–606.

Theeuwes, J. 1994. " Stimulus-driven capture and attentional set: selective search for color and visual abrupt onsets. " *Journal of Experimental Psychology: Human Perception and Performance*, 20 (4), 799–806.

Theeuwes, J. 2010. "Top-down and bottom-up control of visual selection: reply to commentaries. " *Acta Psychologica*, 135 (2), 133–139.

Theeuwes, J. 2018. " Visual selection: usually fast and automatic; seldom slow and volitional. " *Journal of Cognition*, 1 (1), 1–15.

Theeuwes, J., & Belopolsky, A. V. 2012. " Reward grabs the eye: oculomotor capture by rewarding stimuli. " *Vision Research*, 74, 80–85.

Theeuwes, J., Kramer, A. F., Hahn, S., & Irwin, D. E. 1998. "Our eyes do not always go where we want them to go: capture of the eyes by new objects. " *Psychological Science*, 9 (5), 379–385.

Theeuwes, J., Kramer, A. F., Hahn, S., Irwin, D. E., & Zelinsky, G. J. 1999. "Influence of attentional capture on oculomotor control. " *Journal of Experimental Psychology*: *Human Perception and Performance*, 25（6）, 1595-1608.

Theeuwes, J., Olivers, C. N., & Belopolsky, A. 2010. "Stimulus-driven capture and contingent capture. " *Wiley Interdisciplinary Reviews*: *Cognitive Science*, 1（6）, 872-881.

Thorndike, E. 1911. *Animal Intelligence*: *Experimental Studies*. New York: Macmillan.

Tipper, S. P. 2001. " Does negative priming reflect inhibitory mechanisms? a review and integration of conflicting views. " *The Quarterly Journal of Experimental Psychology Section A*, 54（2）, 321-343.

Tipper, S. P., & Milliken, B. 1996. " Distinguishing between inhibition-based and episodic retrieval-based accounts of negative priming. " In *Converging operations in the study of visual selective attention*, edited by A. F. Kramer, M. G. H. Coles, and G. D. Logan, pp. 337-363. American Psychological Association Press.

Tsal, Y., & Makovski, T. 2006. " The attentional white bear phenomenon: the mandatory allocation of attention to expected distractor locations. " *Journal of Experimental Psychology*: *Human Perception and Performance*, 32（2）, 351-363.

Tsuchiya, N., & Koch, C. 2005. "Continuous flash suppression reduces negative afterimages. " *Nature Neuroscience*, 8（8）, 1096-1101.

Uddin LQ. 2015. " Salience processing and insular cortical function and dysfunction. " *Nat Rev Neurosci*. 16（1）: 55-61.

Vaidya, A. R., & Fellows, L. K. 2015. "Ventromedial frontal cortex is critical for guiding attention to reward-predictive visual features in humans." *Journal of Neuroscience*, 35 (37), 12813–12823.

Van der Stigchel, S., & Meeter, M. 2017. "Negative versus positive priming: when are distractors inhibited?" *Journal of Eye Movement Research*, 10 (2), 1–8.

Vogt, J., Koster, E. H., & De Houwer, J. 2017. "Safety first: instrumentality for reaching safety determines attention allocation under threat." *Emotion*, 17 (3), 528–537.

Von Helmholtz, H. 1867. *Handbuch der Physiologischen Optik*: Voss.

Walker-Andrews, A. S. 1993. An odyssey: the course of perceptual development." In Gibson, E. J. (eds.). *An Odyssey in Learning and Perception*: MIT Press.

Wang, B., & Theeuwes, J. 2018. "Statistical regularities modulate attentional capture." *Journal of Experimental Psychology: Human Perception and Performance*, 44 (1), 13–17.

Wang, L., Li, S., Zhou, X., & Theeuwes, J. 2018. "Stimuli that signal the availability of reward break into attentional focus." *Vision Research*, 144, 20–28.

Wang, L., Yu, H., Hu, J., Theeuwes, J., Gong, X., Xiang, Y., Zhou, X. 2015. "Reward breaks through center-surround inhibition via anterior insula." *Human Brain Mapping*, 36 (12), 5233–5251.

Wang, L., Yu, H., & Zhou, X. 2013. "Interaction between value and perceptual salience in value-driven attentional capture." *Journal of Vision*, 13 (5): 1-13.

Wentura, D., Müller, P., & Rothermund, K. 2014. "Attentional capture by evaluative stimuli: gain-and loss-connoting colors boost the additional-singleton effect." *Psychonomic Bulletin & Review*, 21 (3), 701-707.

White, K. D., Petry, H. M., Riggs, L. A., & Miller, J. 1978. "Binocular interactions during establishment of McCollough effects." *Vision Research*, 18 (9), 1201-1215.

Xue, X., Zhou, X., & Li, S. (2015). "Unconscious reward facilitates motion perceptual learning." *Visual Cognition*, 23 (1-2), 161-178.

Yan, Y., Wei, R., Qian, Z., Jin, Z., & Ling, L. 2016. "Differential roles of the dorsal prefrontal and posterior parietal cortices in visual search: a TMS study." *Scientific Report*, 6, 30300.

Yang, Y. H., & Yeh, S. L. 2011. "Accessing the meaning of invisible words." *Consciousness & Cognition*, 20 (2), 223-233.

Yantis, S., & Jonides, J. 1990. "Abrupt visual onsets and selective attention: voluntary versus automatic allocation." *Journal of Experimental Psychology: Human Perception and Performance*, 16 (1), 121-134.

Zhang, X., Zhaoping, L., Zhou, T., & Fang, F. 2012. "Neural activities in V1 create a bottom-up saliency map." *Neuron*, 73 (1), 183-192.

致　谢

读万卷书，行万里路。于燕园我幸得名师指路。首先感谢我的导师北京大学心理与认知科学学院的李晟教授。李老师把我带入认知神经科学这个前沿研究领域。在科研之路上，李老师用他开放的研究视野、严谨的学术态度、创新的研究想法和积极乐观的生活态度，引导我不断成长。李老师是我一生学习的榜样，将一直激励我勇攀科学的高峰，在李晟老师实验室里获得的精神财富也将使我在以后的日子里受用终身。

感谢北京大学心理与认知科学学院的方方教授。方老师清晰的科研思路、睿智的真知灼见开启了我对感知觉领域的认识。感谢荷兰阿姆斯特丹自由大学的联合培养导师 Jan Theeuwes 教授，以及 Christ Olivers 教授、Sander Los 老师、王本驰和 Michel Failing 同学，他们在各自领域中敏锐的洞察力、清晰的逻辑思路和对科研的敬业精神，都深深地感染了我，同时他们对生活的热情和对人的关怀，让我独自一人在国外留学时感受到了家人般的温暖。感谢北京大学心理与认知科学学院的蔡鹏老师为我学习 TMS 提供了极为重要的帮助。

感谢实验室的同学——龚梦园、李雅、贾珂、杨斐瞳、文雯、黄志邦、黄晖、侯寅、张琪、Angelo Pirrone 为我开展实验研究提供支持和帮助。他们的欢声笑语和点滴分享，让实验室如家一般温暖。感谢我的挚友印丛与我并肩作战度过博士科研生活，与我共进步、共分享、共追求、共欢乐。感谢我的被试们对我实验的支持，没有他们的认真参与就没有本专著的实验数据。

最后，我要感谢我的父母、丈夫和姐姐。一直以来他们给予我无限的支持和鼓励，让我能够勇往直前，逐渐变得成熟。北大六年的成长经历给了我开启下一征程的勇气和力量，感谢每一位相伴的人。感谢北京第二外国语学院校级出版基金对本书出版的支持。

薛　欣

2019 年 7 月于北京第二外国语学院

图书在版编目（CIP）数据

奖赏对视觉选择性注意的调节及其神经机制／薛欣
著 . -- 北京：社会科学文献出版社，2020.4
ISBN 978-7-5201-6190-9

Ⅰ.①奖…　Ⅱ.①薛…　Ⅲ.①视觉-选择性注意-研
究　Ⅳ.①B842.3

中国版本图书馆 CIP 数据核字（2020）第 026283 号

奖赏对视觉选择性注意的调节及其神经机制

著　　者／薛　欣

出 版 人／谢寿光
组稿编辑／祝得彬　张　萍
责任编辑／张　萍

出　　版／社会科学文献出版社·当代世界出版分社　（010）59367004
　　　　　地址：北京市北三环中路甲 29 号院华龙大厦　邮编：100029
　　　　　网址：www.ssap.com.cn
发　　行／市场营销中心（010）59367081　59367083
印　　装／三河市尚艺印装有限公司

规　　格／开　本：787mm×1092mm　1/16
　　　　　印　张：10.25　字　数：120 千字
版　　次／2020 年 4 月第 1 版　2020 年 4 月第 1 次印刷
书　　号／ISBN 978-7-5201-6190-9
定　　价／98.00 元